自信的你真美

なりたい自分になれる働き方

[日] 小出真由美 著

邴胜 郑健 译

天津出版传媒集团

天津人民出版社

图书在版编目（CIP）数据

自信的你真美 / （日）小出 真由美著；邴胜，郑健译 .-- 天津：天津人民出版社，2021.7

ISBN 978-7-201-17499-0

Ⅰ．①自… Ⅱ．①小… ②邴… ③郑… Ⅲ．①女性－自信心－通俗读物 Ⅳ．① B848.4-49

中国版本图书馆 CIP 数据核字 (2021) 第 132510 号

图字 02-2021-088

自信的你真美

ZIXIN DE NI ZHEN MEI

出　　版　天津人民出版社
出 版 人　刘　庆
地　　址　天津市和平区西康路 35 号康岳大厦
邮政编码　300051
邮购电话　(022) 23332469
电子信箱　reader@tjrmcbs.com

责任编辑　谢仁林
装帧设计　WONDERLAND Book design 仙境 QQ:344581934

印　　刷　天津中印联印务有限公司
经　　销　新华书店
开　　本　787 毫米 ×1092 毫米　1/32
印　　张　6
字　　数　78 千字
版次印次　2021 年 7 月第 1 版　2021 年 7 月第 1 次印刷
定　　价　45.00 元

前言

首先，我在此谨对所有购入本书的读者们表达我诚挚的谢意。

我在万宝盛华人力资源（日本）公司担任顾问，主要职责是为广大职场人士提供就业咨询服务。在机缘巧合之下我收到了扶桑社的邀请，有幸获得了出版这本书的机会。

不过我并不是什么大人物。其实我也曾想过，是不是因为我从事这类工作才有幸得到了此次机会，或是因为我其实才智过人。但事实绝非如此，因为我此前只不过是一名平庸无奇的全职太太罢了。

但是，现在想来，在我迄今为止的人生中曾出现过几次重要的转机，我有幸在人生中最危急的时刻得到了咨询指导，从那时起，我就抱着“我也要成为心理咨询师”的梦想，开始了专心学习心理咨询的历程。

虽然我是那么平庸无奇，但是当有了“成为心理咨询师”这个目标以后，自己前进的方向和应做之事就一点点地变得明晰了。就这样，自从我有了一个梦想之后，我就不断地想去尝试新的事物。

当然，不是所有事情都能顺心如意。虽然在考取咨询师资格证之后，现状不会立刻发生改变，但我要做的只有咬牙坚持，在现有环境下尽可能地活出自我，并且从中找到属于自己的乐趣，然后一门心思做好它。同时，为了不被现状所阻碍，我不断对周围的人说自己想尝试做某事，并且试图将我要做的事和现在所从事的工作联系起来。我也因此得到别人的认可，从而获得改变现状的机会。就这样，我朝着“活出自己”的目标做了各种尝试后，感觉我的世界渐渐变得广阔了。

虽然写这本书对我而言可以说是任重而道远，但是如果我选择拒绝，那么我将会失去一次富有价值的人生经历。即使觉得接受这份委托会很辛苦，也要试着去接受，这样一来自己的世界就会变得更广阔，经验也会增加。拒绝机会只会留下遗憾，珍惜机会才有可能创造价值。

选择会让你的未来充满无限可能，你可以在目前为止的人生中挑出一件曾经因为觉得麻烦、难办、讨厌等理由而拒绝去做的事情来做，这样一来，或许能让你的世界变得更广阔。

现在手里拿着《自信的你真美》这本书的你是否在想“每天诸事不顺、百无聊赖”“这样下去真的可以吗”“明明我的人生不应该是这样的”？你是否总是感到烦恼和迷茫?

但是不要紧，因为这是正常的。

虽然现在的你不知道自己具体有什么价值，但这绝对不是什么坏事。只要你找到自身的潜在价值的话，也许就能发现真正想做的事。

当你感到迷茫和烦恼的时候，恰恰说明此时的你已经萌生了想要活出自己的想法。只是还没有发觉，或是发觉了还不知道怎样做才好，因此才会感到忐忑不安。

趁这次，受这个烦恼的启发，试着去活成自己想要的样子吧！

本书中一个重要的关键词是“分解”。

第一章讲述的是把你的烦恼“分解”思考，找出让自己感到漠然、忐忑或不安的原因。

第二章讲述的是将你的风格、你所积累的经验以及所掌握的技能“分解”之后进行重新审视，再结合“喜欢上自己”这一点进行思考。

第三章讲的是从你现在所处的环境出发，思考并从中找出如何才能改变自己的工作方式，以及如何才能达到应有的状态。

第四章讲述的是为了活出自己想要的样子，你要对想要思考的问题、想要知道的事情以及想要改正的事情等进行“分解”整理。

第五章讲的是今后如何将自己能做之事具体化，以及如何才能更好地迈出关键的一步。

另外，每个章节末尾都设置了专栏，我会根据职业规划的相关理论，对现阶段你心中“忐忑”的要点进行归纳整理并给出提示。

所以，无论如何请你翻开本书并从目录里找出感兴趣的章节内容进行仔细阅读。如果这本书能成为你“活出自己”的契机的话，那将会是我的荣幸。

小出真由美

目 录

CONTENTS

第二章 接纳不完美的自己

第三章 掌控人生主动权

第四章 活出自己想要的样子

なりたい自分になれる働き方

第一章

分解你的烦恼

1. 与其放大不安，不如充实现在

虽然可能有的人对自己现在的工作感到很满意，但是假如以后结婚了，有了自己的孩子的话，那将会给工作带来怎么样的变化？

将来还能维持现在的工作方式吗？

如果是女性的话，谁都有过这种被不安所支配的经历吧。对女性来说，会导致她们感到不安的因素多到数都数不清。

当女性休完产假回到公司之后，她的工作内容将会受到限制， 也就是人们常说的“妈妈轨道”（指生完孩子的女性放弃晋升的机会而花更多的时间去照料子女）。等到孩子上小学的时候，妈妈的生活节奏也会随之发生改变，到那时，妈妈想要继续工作将会变得困难起来。不论是孩子刚上小学一年级，还是父母迈入老年后的看护问题等等，女性对还没有到来的“壁垒”感到恐惧，内心的不安被不断地放大。

但是，那些导致不安的因素大部分都还没有发生，而且也不确定这些导致不安的因素是否真的会发生在自己身上。

我觉得很多人在面对这种“潜在的不安”的时候，都会被漠然或不安的情绪所驱使，并因此感到烦恼不已。尤其是那些爱操心和态度认真的人会率先出现不安的情绪。

当然，在工作的过程中，我们也不能忽视人生中发生的各种各样的事件。而试着去思考和想象这些事情也绝对不是一件坏事。

但是，“生活事件的壁垒”会不会真的发生在自己身上，这谁都不知道。如果总想着还没有到来的未来，让不安的情绪一直持续下去的话，不论你有多么谨小慎微都没办法安下心来工作吧。

大多数的压力可以分为以下两种：一种是对过去的事情感到悔恨不已，比如“早知道就不那么做了”“早知道就不那么说了”；另一种则是对尚未到来的未来感到不安和担心，比如“如果变成这样怎么办啊”“不想变成这样”。人生在世，如果总觉得压力很大，心里乱糟糟的，那岂不是虚度了这大好的年华吗？

商业人士有一种叫作“正念”的减压方式非常有效。

简而言之，这种方式就是通过冥想“现在自己所处的状态”等使自己的意念集中。就像“正念”这个词本来的意思一样，“现在，意念在这里集中”这一点的确很重要，而如果仅仅是对过去的事情感到悔恨或者对未来的事情感到不安的话，那便什么都改变不了。与其感到悔恨和不安，全力以赴做好眼前的事情显得更为重要，而这才是改变未来最好的方式。

无论是谁在考虑未来的时候都会感到不安，更何况是去想象那些足以成为人生转折点的“生活事件”。

“自己的人生能激起怎样的浪花？”“为了让自己在碰壁的时候不会感到为难，是不是现在就应该提前想好对策呢？”对于这种担心我表示十分理解。但是，不能因为对未来感到不安以及对今后的事情感到过于担忧而束缚了“现在的自己”。总之，如果为了不确定是否会发生的事情而让现在的自己变得束手束脚，没有去做真正想做的事情，也没有把握住现在难得的机遇，那对未来的自己而言并不是一件好事。

在这个认为“规划未来很重要”的社会，与其一味地放大自己心中看不见的不安，倒不如通过充实现在来改变自己的未来。

关键点

“潜在的不安”是否会束缚自己现在的行动？

2. 积极适应环境变化，“活跃”起来

我以“活跃”为主题与一些职场女性进行了交谈，得到了“我不知道应具备什么条件才能符合公司所要求的‘活跃’”“现在的工作又不会发生戏剧性的改变，自己和活跃并没有关系”“我觉得现在就挺好，不想改变自己的现状”之类的回答。

冷不丁地和她们谈起“女性活跃”的话题，有这样的困惑也无可厚非。另一方面，在如今男性和女性终生所得工资都在下降的趋势下，无论以什么形式，今后都会有很多女性会选择一直工作下去吧。

在我们的一生中,工作时间占据了很大的一部分。因此，若是自己经过了一番深思熟虑之后最终选择了工作，那就要认真对待，不能只是为了生活而被动地去工作；而是要尽可能地将工作和自身成长紧密地联系起来，努力地工作是为了提高自身的价值。而且，如果一个人对工作的态度与自身得到的评价密切相关，其结果会导致劳动所得也出现不同的话，那又会怎么样呢?

对于不知道怎样才能变得“活跃”的人来说，首先要考虑到自己在当前的岗位上能做出多大的贡献。

在工作过程中，一接到分配给自己的任务就竭尽全力去完成，当然也是“活跃”的一种方式。但是，在这里我将进一步谈谈我对工作的看法，比如：提供给客户的提案书中是否使用了本公司的专业术语？给营业部制作的资料是否方便使用？上司对自己工作的期望值大概在什么层次？尝试用这样的观点去重新认识自己的工作。

如果不知道公司或者上司对现在的自己有什么期待的话，就去观察前辈或者上司的工作，试着思考有什么是自己能做的。这样的话，能较为客观地把握公司或者上司对自己的期待值。

为了获取自己目前所欠缺的必要技能以及工作经验，可以基于此不断地问自己："现在我应该做什么？"沿着这个方向，就算和别人的工作内容是一样的，但你完成工作的质量会更高，而且自己不仅能在工作中得到锻炼，还能让工作本身变得有趣起来。这样做的结果不就是让自己成为"活跃的人"吗？

比如，在育儿过程中，在职妈妈们因为忙于照顾年幼的孩子，所以会有"不得不缩短劳动时间，并且比其他人更早地返回家中""分配到的工作量也会比其他人更少”等诸多烦恼。

因为觉得与周围的人相比，自己受到了制约，所以有些人可能会觉得：“我没有为公司做出贡献”“我可能成了公司的负担……”然后擅自给自己划定界限，甚至放弃了升职加薪的机会。

但是，公司并不是对所有人都提出了“多加班”“休息日也要上班”等高要求。如果站在“短时出勤”工作者的角度来看，思考如何做出成果才是重点。

我所知道的“短时出勤”的职场女性与工作上没有时间限制的全职员工相比，她们的工作效率更高，所完成工作的质量也更好。而且她们就算突然间有急事要休假也不会影响工作的进度，因为她们养成了时常整理工作内容的习惯。虽然她们的工作时间比上全班的人少了20%，但是在育儿过程中形成的工作方式和获得的宝贵经验，一定会在今后的工作中对自己的成长有所帮助，并且这些宝贵经验迟早会以不同的形式回馈自己。

现在的辛苦，并不会永远持续下去，重要的是在育儿过程中能够以长远的目光去看待工作。无论是怎么样的经验，都有存在的意义。

不仅仅是正在抚养孩子的女性，还有无法回应公司要求的“活跃”的你，在自己的工作中，先从自己力所能及的事情开始，一步一步向着“活跃”迈进吧。

关键点

在环境变化中寻找属于自己的“活跃”。

3. 根据走过的路，重新定义你的职业生涯

我们都听过“职业生涯”这个词，那么这个词给你留下什么样的印象呢？也许会有人不屑地认为：“职业生涯？这跟我有什么关系？”

一听到“职业生涯”，很多人就会不经意地联想到“职业官僚”或者鼓足干劲工作的“女强人”。但是，职业生涯本来是指某人迄今为止所经历的职业历程。就好比马车通过后，路面上留下的车轮痕迹被称为“轨迹”或者“车辙”一样，我觉得用这个来形容职业生涯比较

贴切，通俗易懂。

也就是说，职业生涯并不是用来和别人比较谁优谁劣的，只有你自己走过的道路才能称为职业生涯。比如，就同一业务而言，根据每个人对工作的看法不同，工作的理想方式也截然不同。

我听过一个关于采石匠的故事。

一个路人在经过一座正在施工的教堂时，看到那里有三个采石匠正在工作。

路人分别问那三位工匠："你是因为什么原因在这里工作的？"

"实乃生活所迫，因此不得不在这里开采石头。"第一位工匠这样答道。

"我的目标是成为最出色的采石匠，为了积累各种各样的经验而选择在这里工作。"第二位工匠这样回答道。

然后，第三位工匠是这样回答的：“我的工作是建造一处可供这座城镇的居民稍作休息的场所。等到这个教堂建成之后，很多人就可以来此祈祷，从而获得心灵的慰藉。能够参与到这么棒的工作中来，我真的感到很幸福。”

尽管三人都做着同样的工作，都是采石子、砌石子，可是他们对工作的看法完全不一样。在这里我想说的并不是他们的想法谁好谁坏，只是想通过他们本人对工作的定义得出：就算是做着同样的工作，不同的人也会有不同的看法。

第一位工匠工作的目的是赚钱，第二位工匠是为了提升自己的专业价值，而第三位工匠将工作带来的价值与自身的价值联系在一起。

就像这个故事讲的那样，如何定义自己正在从事的工作，是你在思考职业生涯时一个非常重要的落脚点。

也就是说，职业生涯本身并不是为了方便别人给你打分，而能否将自己迄今为止所做之事赋予意义并加以重视，这将决定你的职业生涯。

就算和谁比起来会觉得自己不行，也没必要因此而变得意志消沉，情绪低落。如何面对自己的工作，从中找到工作的意义，并从中发现价值，这才是最重要的事。

如果你还抱着“虽然我一直在工作，但是并没有特别的工作经历”这种忐忑不安的心理的话，那么请先考虑一下自己的工作是为了谁，或者对社会、公司、团队而言，自己究竟起着怎么样的作用。

所以，不要管社会如何评价你，也不要去和别人比较，试着去定义自己的职业生涯。

关键点

试着将自己的经历作为职业生涯来重新定义。

4. 成为女强人，还是成为全职太太

“你打算如何继续工作下去呢？”当职场女性被问到这类有关职业形象的问题时，很多女性回忆起身边的前辈然后回答道：“如果做不成干劲十足的‘女强人’，那就做一个重视私人事务的‘全职太太’吧。”我认为很多人都相信女性只有这两种工作模式，并为此感到十分苦恼。

于是，在这两个选项中选择“全职太太”的人，可能因为无法成为或是不想成为干劲十足的“女强人”，而认为不如继续做无须担责的工作比较好，觉得“就算不能晋升也只能毫不犹豫地去做”。你现在是否也处于这种状态呢?

但是，女性真的只有成为“女强人”或者“全职太太”这两种选择吗?

对于职场女性而言，社会上也确实存在着让人无奈的方面。

例如，女性在婚后有了小孩的情况下，职场中的确存在着那些“工作范围受限者”不被安排从事重要工作的情况，她的上司可能也会对她说：“（这项任务）看起来似乎很辛苦，其实你可以不用这么卖力的”。

本应该支持自己的丈夫和父母亲则会说：“因为你已经当妈妈了。”同样当了妈妈的朋友也会问：“有没有时间照看孩子呀？”

回过神来，发现自己已经被周围“身为孩子的母亲必须这么做”的价值观压得喘不过气来。于是在身心俱疲的时候会想：“为什么我非得被迫去工作？”但是，有的人连自己真正想做的事情都搞不清楚。

不仅仅是养育孩子，如果想要同时兼顾工作和家庭的话，无论是哪一边都要求自己负起责任和勇于担当。所以，“想要同时兼顾工作和家庭是很艰难的”——有这种想法是很自然的。另外，实际上也有人曾想要同时兼顾两者，但尝试过后发现这样果然是做不到的，最后不得已选择了放弃。

但是，重要的不是周围人对你的评价，而是你要把握好自己心中的平衡。工作价值、工作经历、家事以及抚养孩子之间要达到一个平衡点，找到让自己的内心感到充实的工作方式才是最重要的。这可不是能用“女强人”或是“全职太太”这两个极端的选项可以决定的。

- “因为不能加班，所以不能成为管理者。”
- “因为有家庭负担，所以不能参与需要担责任或者重大项目的工作。”
- “你连家事和孩子的事都处理不好，居然还去追求工作价值，太自我了。”

……

等回过神来发现，自己已经被周围的人灌输了上面那些固定观念，你是否也对此深信不疑呢？

工作和家庭的平衡，不是0或者10能够决定的。不能因为有了家庭，就失去工作的干劲、以家庭为中心等等，希望你考虑问题的时候可以不要那么极端。

难得抽出与家人和孩子相处的宝贵时间，而快乐的时光如同白驹过隙，那为什么不试着去从事可以每天开开心心的、能让自己充满干劲的工作呢？

那么，怎样才能同时兼顾家庭和工作并且让自己快乐起来？能不能去挑战让自己干劲满满的工作？试着从这些视角去考虑问题吧。

比如，在孩子还小的时候，因为孩子需要人照顾所以缩短上班时间，因此要提高工作效率。在那之后等到自己能够自由支配时间了，就试着去挑战新的工作、提升自己的技能以及学习如何应对不擅长的事情吧。

随着不同人生阶段的到来，自己为之倾尽全力的对象也会随之发生改变，这是很自然的事。

不是成为女强人，也不是成为全职太太。对于只属于自己的平衡，你怎么看呢？

关键点

按照自己的标准找到工作和家庭之间的平衡。

5. 找到工作的意义，思考自己的存在价值

你想以什么样的方式生活呢？

说不定现在你对工作的积极性有所下降，此时也许有人会“想辞职”“想尽快结婚当全职太太”。女性萌生这种想法的理由之一就是对自身的评价很消极，觉得“自己现在做的事情并不重要”，还有就是觉得“就算自己辞职走人对公司也不会有什么影响”。

但是，你的工作果真对你没有意义吗？

即便是简单的事务作业，其实在工作部署中也承担着非常重要的角色。为了能让自己更好地完成任务而努力提升自己的技能，我觉得很多人的行动都对公司的发展有着重要意义。

但是，因为自己还没有树立“我做的工作很有意义”这样的自觉，所以对职场的价值方面考虑得并没有那么深入。

现在，如果有人觉得“自己做的事意义不大”，那么不如重新审视一下自己，目前在职场中所扮演的角色以及工作的意义吧。

- **你的工作在职场中对谁有帮助?**
- **如果不做那项工作的话，会给职场带来什么样的困扰?**

就算和别人做着同样的工作，其中也一定有你为此特意做出的努力，以及意识到并为之奋斗的事情。就算觉得“这工作谁都可以做”，你也可以通过做那项工作来贡献一份价值。

作为公司里的一员，只要拼命地完成工作，你一定会对公司的发展有帮助。而且，对你自身的职业生涯来说，继续做那份工作有着重要的意义，因为通过那份工作，可以积累自己成长所需的大量经验。

比如，拿一个自己不擅长应对或者与自己想法不同的人打交道为例，就像“以人为镜，可以知得失”说的那样，通过与各种各样的人交往可以看出自己重视的事务，还有自己的价值观。并且，通过考虑待人接物的过程，自己的沟通能力在不知不觉中就得到了提高。

再者，你在投入以及完成工作的过程中，自然而然地会去寻求（完成工作的）正确性、灵活性、应用能力以及效率等等，而这么做所得到的回报就是你作为一名社会人的技能提升。

如果你现在有辞职的想法那也可能只是一时冲动，之后可能会追悔莫及。而且，你现在所做的工作内容也不是一成不变的，因此继续工作下去可以为将来的工作积累经验，从而为以后真正想从事的工作拓宽道路，这与尝试去挑战不同类型的工作有着密切关系。

但是，一旦因辞职而导致简历上出现一段空白期，再想重新参加工作的时候，之前已培养的技能和积累的经验将很难直接派上用场。

所以，如果你现在还很茫然，总觉得“现在做的事真无聊啊”“这工作继续干下去有什么意义”“也许我还有其他想做的事情”等想法的话，那么在接下来工作的时候，请把不安情绪暂时先放一边，重新审视一下你在现在的工作中所担任的角色，然后再试着考虑继续工作能给你自己的人生带来什么样的价值。

关键点

试着考虑自己的工作对公司的价值定位。

6. 舍弃单一工作模式，寻找应有的“姿态”

你可曾因为自己周围没有“女性榜样”，而感到不知所措？

在以往的日本社会中，女性一直工作到退休的现象并不普遍，因此在想到“女性活跃”的社会时，大家普遍都会联想到和男性一样干劲十足的女性。我觉得这也许就是缺少女性榜样的原因之一。

现在正面临着很多生活事件的女性，都有诸如“到底应该怎么做才好”“我也想继续工作下去，那自己是否也要像她们一样鼓足干劲地工作呢”这样的烦恼。

如果你因为找不到榜样而陷入迷茫的话，那不如反复思考："今后自己应该怎样工作？想成为什么样的存在？"这将会成为你寻找应有姿态的灵感。

迄今为止，说到在公司中"活跃"，出人头地可能是最容易让人理解的。

但是，管理职位的数量有限，而且不是所有人都想出人头地。另外，公司不仅仅有正式职员，还有派遣职员、合同工、兼职人员、委托人员等等。

在工作方式呈现多样化的今天，"出人头地"不再是组织内部的唯一目标，而根据不同的环境，找到适合自己的工作模式变得越来越重要。

当然，工作中既然有"通过提供劳动力来获得报酬"的雇佣关系，那么员工就应该为公司做出与其工资相对应的贡献。员工能为公司做贡献的方法有很多。不管是什么工作，都有它存在的价值，也有让人成长的机会，只有自己去做了才能体会到其中的乐趣。

譬如，不能因为演员的工作很华丽就觉得很有价值，而后台工作者的默默付出就显得没有价值。也就是说，你在目前的工作中扮演着怎样的角色，如何找到自己的目标是一个很重要的落脚点。

当今社会格局日新月异，“理应如此”、既定的理想工作方式或者拘泥于工作模式的思考方式，对我们毫无意义。要根据环境来寻找自己的目标，这样的想法很重要。

当然，晋升为管理层，担任管理职位也是一种工作方式，还有想通过钻研技艺成为该行业专家也是一种工作方式。

虽然可能会显得有些啰唆，但是我想说，不想往上走也可以。我认为不管你的职务是什么，只要能继续为公司做出贡献的话就是可行的。现实中应该存在不向上走也能实现目标的方式。

如果单一模式的工作方式不能引起你的兴趣，那么你可以选择不采取它。

想在公司里成为怎么样的存在是由自己决定的。你在公司里想担任什么样的角色呢？你想为公司提供什么样的价值呢？

关键点

试着思考你在公司中应有的“姿态”。

练习 1：考虑职业生涯的方向

深究自己的职业生涯会发现其实有很多方向。在这里，我为大家介绍一下由埃德加·H. 沙因（Edgar H.Schein）提出的“职业生涯锥状模型”，如图 1 所示。这个模型呈圆锥状，描述了职业生涯的 3 个方向。

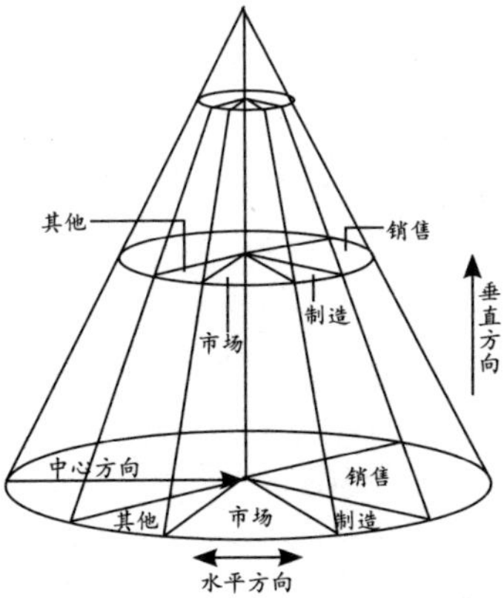

图 1 职业生涯动力理论图

垂直方向

“职位”或者“职称”（例如：班长、系长、课长、部长）等通过晋升（降职）形成的头衔。

水平方向

通过“职能”的移动（由于人事调动等导致专业领域发生变化）形成的职位。

中心方向

面向某一领域而形成的职业（如销售），在特定的部门长期工作，成为相关职业领域的专家。

“因为不想成为管理者，所以无法得到晋升。”

“如果出现人事调动的话，又要从零开始一步步做起，无法深化自己的职业生涯。”

“工作内容一成不变，我的工作平淡无奇。”

……

很多人会有以上这些想法，但事实上并非如此。通过改变自己的看法，可以深化自己的职业生涯。你想往哪方面发展自己的职业生涯呢？

第二章

接纳不完美的自己

1. 盘点自己的实力，让技能“可视化”

在周围的人看来，你十分优秀，就算被赞美了也会非常谦虚地说道：“比我优秀的人还有很多。”这其实是对自己评价过低的表现。我觉得像这样对自己的职业技能没有自信的女性有很多。

谦虚本来不是一件坏事，但是如果总是抱着对自己评价过低的工作态度，会导致本来有能力的女性给周围的人留下“能力不足”“无法胜任工作”的负面印象。

为什么有才能的女性对自己的评价过低呢？其原因之一是，很多女性比男性更加慎重，想做自己以前曾经做过有经验的工作，或是想做“自己确实能胜任”的工作。

上司在委托某人做事的时候，如果那个人回复“我做不到”的话，那就有可能被认为是“没有干劲”。这样的话，那个人就会渐渐失去被重用的机会。这是非常可惜的事情。

在工作中负有责任感的女性，首先为了建立自信，很重要的一点就是要提高在工作中的自我评价。

为此，请首先盘点一下迄今为止你从工作中习得的技能和经验，并且将自己在工作中的执着、自豪，以及你所珍视的东西“可视化”。

例如，在事务性工作中接待顾客的服务精神、商务礼仪，以及与工作相关的账票整理、电脑技能、商品知识、经费核算技能等等。

算上自己在工作时习得的技能以及自己所做的努力，你应该会有各种各样的收获。

如果把这些看作是“理所当然”之事，觉得自己所做之事平淡无奇的话，那可以试着将你做的事逐一分解之后进行清点，就可以发现自己意外地收获了不少经验和知识。

如果能做到“可视化”，那么你所收获的能力和经验就能得到灵活应用，而你就能在今后拥有更广阔的发展空间。

你已经准备好回应公司今后对你的期待了吗？你已经准备好迎接想承担的工作了吗？

实际上，在你被赋予新的职责和使命的时候，说出“我做过这类工作”“这样的话应该可以做到”之类的能增强自我肯定感的话，能让你对之前因缺乏自信、觉得自己做不到而拒绝做的事情，开始拥有挑战的勇气。

开始工作之后，我们有时会碰到“不想做”的工作，但是“可以做的事情变多了”也就意味着尝试一下那些“讨厌”的工作也会有好处。就算是自己不想做的工作，尝试做一做也许能学到一些东西。因为我们不知道今后的工作需要灵活运用哪些知识，所以多学一点东西总是好的。

回顾我自己的人生，很多事对我来说都不是“想做的事情”。但是，在那些“不想做的事情”之间，也夹杂着“想做的事情”。

迄今为止，你都做了什么样的工作？其中学到的技能和能够胜任的工作是什么？

关键点

通过盘点自己的工作，将习得的技能“可视化”。

2. 用"加法"认可自己，提升自信力

将自己和别人相比，很多人都有过这样的想法吧："自己还差得远啊"或者"我真是太糟糕了"。

当遇到非常有才能的人之后，觉得"自己无法成为那样的人"或者"我做不了那么了不起的事"，然后擅自打退堂鼓的人也有吧？

当然，为了提升自己而与他人比较也是很重要的。但同时，与他人比较是一件很容易给自己造成消极影响的行为。特别是和那些比自己厉害的人相比的时候，擅自觉得“我没法像他一样厉害”，然后在一边妄自菲薄。

像这样自我否定的行为，乍一看是把自己同别人比较，然后分出高下的行为。实际上，通过过滤分析“那个人”，然后从中洞悉本质才是你自身所需面临的课题。

正是因为“理想姿态”并未达到，或者“追求的现实”无法实现，所以才会自我否定。

然而多数人在面对事情时都容易用“减法”去思考问题，以“我想变成那样”的理想状态作为基准，对现在的自己做出了负面的评价：“自己做不到那样”“现在这样是不行的”。

但是，理想终究是理想，现在的你身上应该也有很多优点。每个人都觉得自己现在所拥有的东西是理所当然的，虽然在自己看来普普通通，但是在别人看来却羡慕不已。

首先你要感谢自己所处的现状以及自身所拥有的力量。很多情况下，自己是身在福中却不自知，还拿别人的长处来否定现在的自己，这实在是太可惜了。

接下来，就是重新审视自己现在所拥有的东西。不要用“减法”，而是用“加法”去考虑事物，比如“工作效率比起去年有所提高”“遇到困难的时候，我从信赖的上司那里得到了帮助”等。

另外，如果你对十分敬仰的人有着“想成为像他（她）那样的人”“好羡慕他（她）呀！”这种强烈的想法的话，那么你可以试着将“那个人让自己羡慕不已的部分”分解之后再进行更具体的思考，这也是其中一种方法。

例如，假设你的同事中有人因为漂亮被大家所喜爱，不仅受到上司倚重，还被安排了重要的任务。这个时候你就可以试着分解思考一下她的哪些地方让你羡慕不已。

比如，虽然你也羡慕对方长得漂亮并且被委派了大量工作，但是如果能认识到其实她“被上司重用”才是自己最为羡慕之处的话，那么为了得到上司的信任，你的日常行为举止就应该有所改变。试着去模仿她对上司的处事方式，那么你心中“羡慕不已的心情”也许就能得到满足。

像这样，不是单纯地羡慕而是通过分解思考，也能了解到自己之前一直没留意到的，能让自己享受工作的重要“需求”。

如果总重复“那个人有天赋”“那个人有才能，可我却没有”这种贬低自己的话语，那么你会以此为借口不去做那些自己认为做不到的事情，并且以此自我安慰，在自己没做之前就想好了退路。

关键点

不要用“减法”，试着用“加法”去认可自己。

3. 你重视什么，你的价值观就是什么

“珍惜自己的价值观。”

这是让自己幸福快乐地工作的关键句。

话虽如此，但突然被问道：“你在工作上所珍视的价值观是什么样的？”面对这样的问题时，大多数情况下你可能都回答不上来。

但是，在工作方面你讲究的是什么，想要珍惜的事

物又是什么？我觉得把那些通通罗列出来，就会逐渐发现“自己在工作方面所珍视的价值观”。

例如，对于那些把“自由时间”放在第一位的人而言，无论是多么高薪的工作，都有可能让他（她）产生反感，觉得自己的私人时间被占用。另一方面，对于“不管怎么样，总之钱最重要”的人来说，就算再忙的工作，只要工资高，或许他（她）都会选择接受。

同样的，觉得什么样的工作有价值，只有知道了这个才能把握好自己的价值观。

有的人喜欢挑战没有尝试过的事情，有的人觉得一边管理日程，一边有条不紊地完成任务更有价值；有的人被安排去做有责任感的工作就会很开心；而有的人不想被管束，喜欢自己斟酌决定、自由地开展工作；还有的人认为很多人一起合作完成任务比较好……

不同的人在工作中所重视的方面千差万别。比如，如果是“喜欢根据自己的决定开展工作”的人，可以向上司提议：“关于这次项目，因为工作进度要定期汇报，所以可以把整体的工作进度汇报交给我来做吗？”

像这样，一旦明确了自己的价值观，就会知道怎么做才能提高自己的动力，才更容易做出成果。

因此，我们可以创造出“自己能够轻松工作的状态”。

同时，工作中的价值观会根据自己迄今为止的人生阶段、立场以及头衔的不同，自然而然地发生变化。同一个人，在她单身的时候和她成为在职母亲的时候，对工作中所追求的价值的优先顺序会发生改变，其价值观也会由于上司和部下的立场发生变化而变得不同。

我们也不能忘记重视别人的价值观，因为只有当你知道了对方在工作中重视什么，才能够在工作时和对方默契配合，彼此的关系性才会变好。

一方面，想通过表扬后辈的优点来提高他们的干劲时，如果是对细致缜密的工作有信心的后辈，就表扬对方做事严谨认真。如果是对沟通技巧有信心的后辈，关注这个人的社交能力，应该会让她工作起来更有干劲。

另一方面，对于喜欢掌控全局的上司，你的工作报告一定要写得详细认真，这样你的上司才会感到高兴。反之，对于不在乎过程而更看中成果的上司，那么只需要保证最低限度的报告，踏实做出成果反而更容易让他（她）接受。

对于工作的价值观因人而异。不仅要认识到自己的价值观，还要认识到其他人的价值观，这样才能处理好职场的人际关系。

你在工作中最重视的是什么？

关键点

工作中的讲究＝深挖价值观。

4. 分析情绪化状况，避免情绪化处事

经常有人说："女性容易感情用事。"得出这一结论的理由之一是男女的大脑使用方法不同。

据说，男性的大脑擅长整理信息、逻辑思考和分析，女性的大脑更会关注周围的事情，会站在对方的角度考虑问题，从而产生很强的共鸣，所以容易感情用事。

除了大脑的工作方式以外，男女成长环境的不同也是原因之一。

我觉得从小就被教育“你是男孩子，不许哭”的大多数男性都会有一种很强烈的意识倾向，认为“用哭来表达感情是不体面的”。而女孩子较少被教育“不许哭”，所以女性根据“通过哭可以表达自己的主张，让自己如愿以偿”这样的经验，或许不会对自己通过哭来表达感情抱有罪恶感。

当然，并不是所有的男性和女性都符合这个性质。但是，如果女性在职场上容易情绪化会给自己带来不利影响的话，那我们就有必要有意识地考虑一下对策了。

女性需要特别注意的是，要掌握控制情绪的方法以及与价值观不同的人相处的方法。

女性特有的沟通能力，让她们有时候脑子里会充满想法，甚至会哭天喊地，不由得感到歇斯底里的生气，而且容易因为和对方的想法不同而无意识地改变交往方式。

当然，我不认为所有的女性都是这样，但是至少比起男性，拥有这种特征的人，女性占多数。那么，如何才能处理好这种情绪呢?

首先，就从了解容易让自己情绪化的各种状况开始吧。例如：

- **自己的想法无法传达给对方，因此感到悔恨时。**
- **对方提出了无理要求或者感到十分生气时。**
- **遇到了不诚实的事或者不讲道理的事时。**
- **无法按照自己的想法去做的时候。**

……

要意识到自己在什么时候容易流露出什么样的情绪

（愤怒、悲伤、懊悔等），这样做的话就能在自己情绪化之前退一步，也就能较为客观地看待自己。

例如，假设当自己被别人无理反驳或被训斥时，感觉马上就要哭出来了。如果处在那种情况下，不要过分聚焦于自己的“害怕”“悲伤”的感情，而要集中精力去问对方到底想说什么，哪部分让对方感到愤怒。对方并不是在否定你的人格，而是对你的工作或行为提出意见，如果能这样想的话，就不会感情用事了。

另外，当遇到令人讨厌的事情或不讲理的人时，不要以“价值观不合”“无法理解对方在想什么”来拒绝对方，重要的是试着去思考对方这么做的原因。

我们会对他人抱有各种各样的感情，但心情波动未必就是坏事。当不合理的想法涌上心头时（愤怒或者懊悔等），重要的是分析当下的情况以及自己应该怎么做。

你在什么时候会变得情绪化？

关键点

接受自己的感情波动，分析当下的想法。

5. 不要怕，你可以灵活发挥共情力

“女性容易情绪化，工作起来很困难。”虽然有人会这么说，但是我想再进一步分析情绪化是否是坏事。

容易感情用事，其实是高共情力的表现。共情力强烈的人，能够站在对方的立场上考虑事物（产生强烈的共鸣）。这一类人能够敏感地察觉到对方的感情，善于照顾他人的心情。

在工作时，要和周围的人合作，让彼此心情愉快地

顺利工作，这一点非常重要。在这样的情况下，女性拥有的高共情力在照顾周围的人以及缓和现场气氛方面可以充分发挥作用。这种能力不仅可以改善与顾客的关系，还可以改善团队成员之间的合作关系，帮助部门之间建立良好的协作关系。

而且，体察对方心情的能力和照顾他人的能力，在培养部下和后辈方面也能发挥作用。进一步说，这种高共情力可以成为只有女性才具有的优点。

例如在同事与客户之间发生分歧的时候，习惯于逻辑思考的男性会说："既然客户这么说了，那就按照他的要求去做，这样问题不就迎刃而解了吗？"提出这样的解决式思维的建议或许是他们所擅长的。这样做确实能解决问题，但却没有照顾到客户的焦虑情绪以及引起纠纷所带来的不安情绪。

与此相对，共情力高的女性则会说：“这真是太糟糕了，您一定很难过吧？”这么说或许能更体谅对方的心情。这种能够站在对方的立场上思考事物的处理方式，是高共情力人群的强项。

仅从“感情全面外露”这一点来说，很多时候并不适合商务场合，这也是事实。如果容易情绪化，就会让人感觉对方缺乏商务人员的专业素养。那么从现在开始，试着与这种共情力好好相处，灵活运用吧。

仔细回想一下那些让自己感情用事的场面，比如处在与人对立或是遇到不讲理的场合，以及被上司严厉训斥的场合等，分辨什么样的场合应该以什么样的情绪对待，掌握与商务场合相适应的自然的行为举止。

到目前为止，男性的行为举止已经代表着社会的常态，但从今以后重视善于使用共情力这一强项的女性，才会让公司得到发展吧。

所以，不要怕，结合当时情况灵活运用共情力就可以了。而且，这与男女能否平等相处，以及改变女性的工作方式息息相关。

你想在什么样的场合、怎样活用你的共情力呢？

关键点

你要不要在职场中发挥你的共情力呢？

6. 分类工作与技能，找到自己的强项

虽然说“工作”只是一个词，但是它却涵盖了很多内容。

每个企业和部门的工作内容都不一样，就拿销售这一职位来说，需要做的事情有很多，比如电话和邮件的处理、提案书的制作、向顾客展示合同、相关文件的归档等。

在工作中，我们有喜欢的工作和不喜欢的工作，而自己擅长或不擅长的工作会对你产生很大的影响。

如果把自己现在的工作统一概括为“不知为何不擅长”和“不知为何喜欢”的人，可以试着把工作中使用的技能分解为“擅长的技能”和“不擅长的技能”来思考。

通过对平时工作中使用的技能进行分解，就能发现自己擅长什么、不擅长什么，而对于各种技能，要对擅长的技能精益求精，对不擅长的技能要思考怎么弥补。

我们可以把自己所做过的工作和需要掌握的技能一一对应，并把工作分为“喜欢”和“讨厌”，再把技能分为“擅长”和“不擅长”。这样一来，可以分为以下四类：

- **喜欢且擅长的工作。**
- **喜欢但不擅长的工作。**
- **讨厌但擅长的工作。**
- **讨厌且不擅长的工作。**

像这样，将自己的工作以“喜欢或讨厌”“擅长或不擅长”来把握，有助于提高工作的动力。

“喜欢且擅长的工作”对自己来说很有可能是处理起来得心应手的事情，所以很容易出成果，很可能动力满满地去努力完成。也可能出现“讨厌但擅长的工作”，这在工作中是无法避免的情况。

对于“讨厌且不擅长的工作”，可以试着思考一下自己为什么不擅长。一旦因为“不擅长”而感到困惑，就容易出现拒绝的反应，通过分解“不擅长的点”，说不定就能够发现能让自己喜欢上这项工作的要素或者变得擅长的要素。

那么分解的要点是什么呢？例如“不擅长在公开场合说话”的情况，分解之后可以得出，其实只是面对初次见面的人时不擅长表达自己的意见，而在面对熟悉的人的时候，却可以考虑到其他人的心情，然后积极地说明自己的想法。

另外，对于“喜欢但不擅长的工作”，努力的话也能变得擅长起来。

今后，与工作相关的每一个技能，都自觉地思考一下“喜欢”“讨厌”“擅长”“不擅长”，这有助于成为更好的自己。并以此为契机，改善周边关系，让工作变得越来越有趣。

你擅长的技能，将成为你今后的强项。

关键点

你喜欢又擅长的工作是什么？

练习2：试着寻找属于你的价值观

你的执着是什么？

在这里，根据你迄今为止经历过的事，考虑你的价值观形成的根源。

小时候……

你喜欢什么样的动漫和绘本？喜欢哪部动漫或者绘本的哪部分呢？你觉得这种心情和想法对现在的自己有什么影响？

学生时代……

你对什么事情印象深刻？为什么这件事会给你留下深刻的印象呢？你有喜欢过的人吗？相反，有讨厌的人吗？为什么喜欢或者讨厌那个人呢？现在喜欢和讨厌的标准也没变吗？

步入社会之后……

你觉得什么样的工作有趣？觉得那份工作的哪一部分有趣？和谁一起工作的时候会感到兴奋不已？觉得自己和那个人在哪一方面合得来？私人生活中，哪一时间段会让你觉得舒适？

试着回想在过去发生的事情中，你有被哪些事情打动，就能看出你的执着和价值观。如果能把它运用到每天的生活中，就能知道自己在人生和工作中想要得到什么，对自己的选择或者对结果的接受程度和满足感也会提高。

なりたい自分になれる働き方

第三章

掌控人生主动权

1. 改变自己，就能改变未来

现在，职业女性所处的环境就像是迎来了一个过渡期。

在不久之前，女性大多从事辅助类工作，一旦结婚，经济上的重担就由丈夫来承担，大部分女性当了全职太太。但是，日本之后颁布的《男女雇佣机会均等法》《育儿与护理休业法》让女性工作变得更加容易，同时双职工家庭也在持续增加。

这不仅仅是围绕女性的工作环境，男性的工作环境也发生了变化。

只要认真地长期工作，就能按照年功序列[①]升职加薪的时代已经过去了。“因为是大企业所以稳定”“如果是正式员工就安全”这样的认知正在逐渐消失，无论是谁，都有可能面临突然被裁员、公司破产等无法预料的事。

正因为处于这样一个不稳定的时代，双职工收入才能够降低风险。在这样的背景下，女性兼顾家庭和工作是理所当然的。

但是，即使继续工作成为理所当然的事情，女性独自承担家务和抚养孩子的状况实际上并没有什么改变。

---

①年功序列：是日本企业的传统工资制度，指员工工资随员工本人的年龄和在企业工龄的增长而增加。

大部分女性也认为，家务和育儿还是要由身为女性的自己来做，由女性一个人承担的情况比较多。

在这种状态下，女性该怎么做才能继续工作？怎样才能兼顾工作和私人时间，活出自己想要的样子？现在请你好好思考一下吧。

为此，首先要努力让周围的人参与进来。最亲近的丈夫自不必说，可以先让职场中的上司和同事们理解自己的现状，向对方具体地传达并共享这些信息：

- 在兼顾工作和私人时间的基础上，希望上司能够在工作中体谅自己。
- 在家里如何分担家事或者育儿。
- 今后想如何工作。

下决心继续工作的话，不要勉强自己，在给自己留出私人时间的同时，考虑今后想要挑战的事情是什么，为此需要得到周围怎样的支援。

我认为在日本还残留着“女性不提主张方为优雅”的习惯，这可能是长期以来以男性社会为主和上一辈的形象造成的。

女性很容易敏感地意识到“自己被期待的角色”并自然而然地扮演这种角色，但是这样一来，女性就会被认为迎合周围，无法从辅助性的工作和角色中摆脱出来，最后导致自己作为社会人的地位下降。而且，你扮演这样的角色不仅无法培养后辈，还可能让大家都觉得不舒服。

迄今为止，在你认为好的行为举止中，如果出现了上述情况的话，也许是时候改变你的角色了。

为了面向新的未来踏出关键一步，你将采取什么样的行动？

关键点

不妨考虑一下如何面向未来踏出关键一步？

2. 你的职场行为，决定你的职业价值

根据“你的行为决定了你所扮演的角色”这个观点，我将进行更加细致且深入的分析。

你在职场中是否有过以下行为：

- 和他人乘电梯时，总是替别人按下目的楼层按钮。
- 在开会时，明明没有被要求却主动承担了会议记录的工作。
- 在酒会上给大家分发食物，听候吩咐。

其实上面这些并不是什么坏事,反倒是很明智的行为。不知为何有一种刻板印象认为“好女人懂得照顾他人”，我觉得这样一来，很多职业女性都会主动去充当助手角色。

我们不一定会按照“作为一名社会人，这种程度的细心周到不是应该的吗”，或者“做不到细心周到不是很丢脸吗”等想法行动。但是，这些想法有时比头衔更能决定一个人的价值，那该怎么办呢?

为了顾及他人而一味地充当辅助性角色，反而会降低你自身的价值。这是因为，作为女性通常被要求做辅助性工作。这本来是能让你个人的经验和价值得到灵活运用的角色，但却有可能被周围的人认为：“把这样的工作都推给这个人就行了”“她就是干这个的”。

你以为是你自己多疑了，但其实是你的自身价值下降了。这真的太可惜了，你这样下去会吃亏的。

还有一点必须考虑的是，对后辈的培养。随着工龄的增长，你的角色也会逐渐发生变化。然而，如果你一直扮演着刚进公司时的新人角色，就会造成你的后辈无法体验到作为公司新人必须做的事以及自己应尽之责。

当然，对于商务人士来说，忖度周围的气氛，找出大家的需求并且尽量满足，这也是重要的技能之一。所以，今后你要果断地把这些任务交给下属或者后辈，这样可以提升你培养部下和后辈的能力。更为重要的是，你也会重视自己的价值。

另一方面，你自己在日常工作中是否也使用着女性特有的权利？回顾思考这点也很有必要。

或许，其实与男同事相比，你挨骂的次数会少一些。与男性员工一起加班的时候，上司会说："女性还是早点回家吧。"只是你自己没有注意到而已。

我认为男性和女性不能一概而论，正因如此，有些情况并不是“因为是女性所以被允许”或者“因为是女性所以吃亏”。

作为一名职场人，应该有什么样的行为举止？自己现在应该肩负的职责是什么？在此基础上，需要怎样的关怀和照顾呢？

不被固定观念所束缚，能够灵活思考才能拥有最理想的状态。

你现在有很好地履行自己的职责吗？

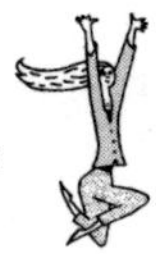

关键点

你现在正扮演着周围的人所期待的“女性角色”吗？

3. 立场不同，工作方式也不同

- “单身的我还在加班，真羡慕有孩子的人到了下班时间就能回家。”
- “同样是职场妈妈，那个人和老公配合得好，因此工作上的担子好像比我要轻松许多……”

你是否也曾有过与他人相比之后，既羡慕又气愤的经历呢？

但每个人的自身情况不同，每天所面对的课题和烦恼自然也会完全不同。

例如，有孩子的职场女性全都是“职场妈妈”，但是每个人的情况都不一样。比如孩子的年龄和性别不同，有的孩子在托儿所，也有的在幼儿园；或者有的孩子在上小学，有的在课后补习；以及“配偶能不能分担家务和帮忙带孩子”“附近有没有亲人能够给予帮助和支持”“能不能搬到适合养育孩子的地方去住”等不同的情况。正因如此，每个人的工作环境有非常大的不同。

那么单身的人是什么情况呢？是选择独居还是和父母同住？光是这一点，工作环境就有巨大差别。另外，即便是单身也未必没有可以支持自己的对象，而且大家根据自己是否有结婚意愿，对未来的规划也不同。

再者，生不生孩子也是一个微妙的问题，不愿意别人随意踏足自己的生活的例子也是存在的。

如此，即使在同一个职场上做着同样的工作，个人状况也会因为各自不同的工作观、在工作上花费的时间以及对于职场问题意见不同而产生差异，各自的工作方式也有所不同。

人们往往会忽视彼此所处的不同状况，不由自主地从自己的角度看待事物。但在工作立场和对工作的想法方面，从根本上说大家并没有太大的不同。

由于私人原因出现工作时间受限的状况自然也有。在各自的工作时间里，采用什么样的工作方式、站在什么样的立场工作，要明确地区别看待。

每个人的情况都不一样，或者说今后也会不断发生变化。现在可以灵活应对工作状况的女性，今后也有可能在工作时间和工作方式上受到限制。与之相反的是，职场妈妈们则可能从带娃的艰苦日子中解放出来，更加积极地投入到工作中去。因此，不能不加以区别看待。

仅凭现在的状况和工作方式就认定对方是不同的存在是不合适的，首先应该尽可能地去理解对方的处境和想法，做到相互认可是非常重要的。

为此，我们不能要求对方和自己的想法一样或是追求完美，而是要以在同一家公司工作的同事的身份，去理解对方的工作方式和处境，一边相互合作，一边竭尽全力做好各自目前能做之事。这样才能一点一点地改变职场的风气，进而也能让自己今后的工作更加轻松。

你对职场同事的立场和背景了解有多深？

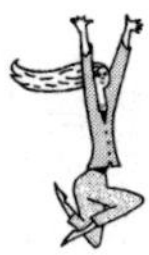

关键点

同事之间共享各自的情况。

4. 更新自我要求，完成自我升级

- “我的工作从刚进公司那会儿开始算起，就一直没变。”
- “工作内容受限，感觉每天都在重复做同样的工作。”
- “与刚入职的时候相比，我对现在的工作已经很熟练了，做起事来也是有条不紊、轻车熟路，因此对自己现在的工作可能会不由自主地感到有些千篇一律。”

但是，即使在过去和现在都从事同样的业务，现在公司对你的要求真的和以前一样吗？

任何公司都会受到社会形势的影响，员工入职一年、两年之后，人才流动就会随之发生。这样一来，恐怕“现在的你”和“以前的你”所处的环境或多或少都会有所改变。

随着环境的变化，过去被认为“这样就好”的工作内容和工作方式，以及公司对你的要求也会随之变化。在这样的情况下，如果按照以前的感觉——“我只要做到这些就足够了”“自己被期待扮演的角色就是这个”“这就是我的强项”，那么就限制了自己的无限可能性。

在不断变化的环境中，你是否也有可能在一直维持现状呢？

首先，为了看清环境的变化，思考一下现在的社会形势会给自己公司带来什么影响。

- **公司的经营方针和战略目标有没有发生变化？**
- **办公室里的其他人是怎样行动的？**
- **按照现在的部署，自己的工作内容等方面可以升级更新吗？**

不如站在更广阔的角度，将上面这些问题背后的信息俯瞰一次？

例如，公司对新员工和入职几年后的老员工所要求的业务质量的标准当然不一样。请试着比较一下，公司对新员工时期和对现在所要求的工作成果和质量。这样一来你就会明白，现在公司所要求的工作水准和内容与以前相比，已经发生了变化。

如果你之前只留意半径 5 米内自己在公司的定位，那么现在请从更广阔的视角重新审视自己在公司内部的定位吧。

这样一来，自己过去一直认为的“自己的任务就是这些”“自己只要达到这个水准就行”这样的想法，对于如今的职场而言，很可能已不再是最佳方案。

根据业务不同，与其事必躬亲，倒不如把机会让给年轻人，把相应的时间和精力用在高质量并且更适合你的工作上，这样或许还能得到公司和上级的青睐。

思考“现在的职场需要什么样的人，需要什么样的角色”，时不时让自己“升级更新”，努力让自己成为在职场中被需要的人吧。

而且，如果在工作中做出了成果，周围人对你的评价也会上升。这样一来，工作就会变得更加愉快，自己也会变得越来越自信。

对环境变化敏感起来，提高自己的工作质量吧。

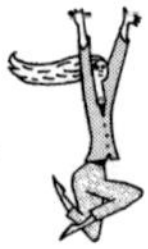

关键点

实现自我“升级更新”，提高工作质量。

5. 从内部动机出发，找到工作的价值

- “你为什么参加工作？”
- “你工作的意义是什么？”

我采访一些职业女性时，问了上述问题，得到的回答有：

- “作为一名社会人，虽然是不得已才参加工作，但是现在所从事的工作并不是我真正想做的工作。”
- “只是为了赚钱才不得已参加工作，我并不清楚自己想做什么。”

就以选择公司为例，有人会以“工资高”“福利待遇好”以及“上市公司”等作为参考指标。这样的外部动机乍一看很有魅力，也可能会成为别人拿来比较的对象，但实际上这些因素在很多情况下与自己的价值毫无关联。即使是在大公司做被人羡慕的工作，如果自己内心感受不到价值，可能也不会感到幸福。另一方面，即使是在小公司，如果被大家依赖、感到工作快乐和充实，也可能干劲十足。

重要的是自己觉得什么才是有价值的。也就是说，重要的不是外部动机，而是如何从内部动机中找到工作的价值。

你每天都在为了自己选择的公司勤劳地工作，而且，通过这份工作，现在的你已经积累了丰富的经验和知识。现在能否将你所积累的经验灵活运用到自己真正想做之事中去，这取决于你自身。

最重要的一点是，你自己应该如何切入自己想做之事的“本质”中去？

以“我不想从事销售工作，想改行做事务工作”为例，这并不是“工作的本质”，只不过是被“职业种类”束缚而已。不仅如此，我希望有这种束缚的人可以深挖自己通过那份工作想获得什么价值，还有自己对工作的要求是什么。假设想获得这一价值的本质是“对别人有帮助”或者“同大家一起合作”等要素的话，那么即使不改行到事务工作应该也能做到吧。

首先，从多个角度分解并且重新构筑目前的工作，那些自己觉得开心的事、为之着迷的事情、觉得棘手的事情、比较喜欢的事情、适合自己的事情以及认为自己还有下功夫的余地的事情等等。这样的话，从你目前承担的工作中也能找出创造价值的素材。

先别急着断定自己目前的工作不是自己想做的，希望你能先从自己目前的处境、手头的工作中寻找属于自己的乐趣和意义。

俗话说“吃着碗里，望着锅里”，总觉得别人家的草坪比自家草坪更绿，别人的工作看起来更快乐、更有意义。相反，那些被你羡慕的人有时也会觉得：“自己过着多么无聊的人生啊！”

但是，我希望大家不要就此一蹶不振，而是从自己目前的处境以及自己力所能及之事中找到一两个“创造价值的素材”。这样一来，你现在的工作就会逐渐变得充实，工作也因此变得有价值。

此外，你还能改变自己对工作的看法，拓宽和深化自己的业务范围。如果周围的人看到你这样的工作状态，或许会给予你新的挑战机会并且同你建立起合作关系，这样就能进一步拓宽你的业务范围，从中找到工作的价值。

如果你觉得自己的工作没有价值，那也不需要自暴自弃，先从目前的工作中寻找能够创造价值的素材吧。

关键点

从目前的工作中寻找“创造价值的素材”。

6. 赋予工作意义，打造“非你不可”

去做有意义的工作，最大限度地发挥自己的能力，向公司提供自己的价值，并从中获取相应的报酬。这是在公司持续工作的一个非常重要的基础。

可能有人会抱有这样的想法：“反正不久后我就会辞职，做到这种程度就足够了。”哪怕是这样的工作，如果有一天想要长期坚持下去，那么就有必要赋予这份工作对你自身的意义，比如它对你将来从事的工作很有价值、很有趣等等。

再进一步说，为了找到对自己而言的工作意义，确认自己不是被迫参加工作，而是积极主动地参与的工作态度很重要。

例如，不仅仅只做自己的工作，而是在工作中发现并培养有足够战斗力的后辈，并思考能够让团队更加顺利开展工作和提高团队效率的工作方式等，这样的话，每个人都能在工作中找到属于自己的意义。

另外，此时需要的是开阔自己的眼界，重新审视自己目前的工作和自身价值。

假如你是保险公司的一名事务人员，虽然你有时需要用到专业知识，但如果只着眼于眼前的话，你会发现每天都在做着重复单调的事务工作，就可能会觉得很无趣。

但是，保险公司本来应该发挥怎样的社会作用呢？为此你需要重新思考公司的社会意义以及与之息息相关的自己应承担的职责。这样一来，你就会意识到这份工作其实是在为客户的健康保驾护航，在万一发生不幸时能够成为客户坚强的后盾，是一份不可替代的工作。

再进一步利用迄今为止获得的经验和知识，你就可以简单归纳和整理事前需向客户确认的事项，再用简单易懂的方式向客户说明情况，并完成客户准备材料的填写样本的制作，简化参保手续，以及事先疏通关系部署，确保迅速推进参保手续办理流程。

这样做的话，你就能注意到其他人没有注意到的细节和工作的开展方式，也就体会到了做保险事务工作的意义。对客户而言，这给他们提供了很有价值的服务，而对于公司而言，这提高了自家商品和服务的质量。

如此说来，根据理解的不同，即使同样的工作，其意义和价值也会变得与众不同。

很多女性在私生活中不得不承担很大的责任，因此，如果在工作上也承担很大的责任的话，就很容易让人只关注到她们被放大的那一面。另外，因为私生活的存在价值很大，反过来说如果觉得工作没有意义的话，有人就会立马转变想法以家庭为中心，那么她们就会觉得工作变得更加无聊了。

但是，如果能够在工作中感受到价值，那么自身存在的价值也随之得到提高，自我肯定感和充实感也会随之增加。张弛有度且自然而然地工作，也会让私生活充满活力。

既然是工作，就必然会有心酸和痛苦，但正因如此，完成工作时的爽快感是无法比拟的，获得的体验也是任何东西都无法替代的。

现在，自己所在的公司能为社会贡献什么价值呢？公司制订了决定今后发展走向的经营计划吗？在获取相关信息并意识到公司的方向性的同时，如何在工作中灵活体现自己的价值是非常重要的。

拓宽自己能做之事，提升自己的专业性。通过这样的思考，就能创作出属于自己的附加价值。

关键点

你想创造出什么样的附加价值？

7. 表达自己的想法，机会随之而来

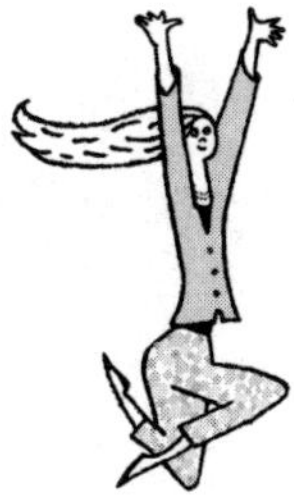

你是在职场中直言不讳地表达意见的那类人吗？还是老老实实地听从周围人意见的那一类人呢？

女性经常会有“少有主见”的倾向，这在日本会让人觉得很优雅，但这种倾向在商场上会吃亏的。

如果在必要的场合一言不发，而只向一些比较知心的人传达自己的意见，并且对自己的意见能否被当场接受而感到不安，这可能是因为缺乏自信的表现。因为只向特定的人传达自己的意见，所以可能会无意识地避免在公开场合发言以免被否定。

但是，不发表自己的意见会给人一种“没有主见”或者“将问题推给别人，不积极不主动”的负面印象。

也有很多女性认为，即使自己没有主张，但只要认真做好工作，就可以得到别人的认可——这种想法其实就是“皇冠综合征”（Tiara Syndrome）的表现——只顾自己做事，却不为自己争取。但是，如果只是等待别人的评价，不觉得可惜吗?

如果自己有想拼尽全力去做的事，或者有深思熟虑的想法，请务必由自己提出来。

不断向周围的人传达“我对这件事感兴趣”“我想做这件事”的想法是非常重要的，因为只要你坚持自我表达，邂逅机遇的概率会大很多。

例如，吃午饭或闲聊的时候，只要告诉上司“我对这件事很有兴趣，现在正在私下学习”“我想挑战一下这类工作”就可以了。

因为上司有各种各样的职责，而且还有很多下属，他们工作太忙，很少有机会深入了解每一个下属的想法。正因如此，我们很有必要主动地表达自己的想法。这样一来，上司也能理解你对工作的想法，说不定上司会因此安排你去尝试你想要挑战的工作。

另外，通过展现你对工作的态度，也可能达到自己想要的目的。

如果当机会来临的时候，刚开始缺乏自信不要紧，不能完美地达成任务也没关系，没有人一开始就什么都能做得很好。正因如此，通过试错来增加经验就可以了。

总之，先从试着说“Yes”这一步开始，因为一开始就拒绝的话，那就什么也改变不了。

顺便说一下，我回顾了自己的过去，发现我并不是只做自己想做的工作。所以，我对做不到的事就付出加倍的努力，比如尝试去考取资格证书以获取经验。

然后，在现在被委派的任务和工作中，我一边尽情享受着自己力所能及的事，一边向他人不断传达着“想试试看”的想法，这些行为到如今也没有改变。

为了拓宽你的可能性，从而得到更多的机会，请你鼓起勇气将自己的想法用语言表达出来吧。

关键点

将“自己想做之事”传达给周围的人。

练习 3：将负面情绪转化为正能量

心动、脑中充满想法，显示出你埋藏于心中的欲求，那将会成为成长的提示。在这里，为了将负面情绪的能量转换成正能量，试着按不同的情绪分类思考吧。

生气的心情 （愤怒）
- 你对哪个部分生气？
- 怎么样才能不生气？

→

正能量提示

从生气中看到“希望变成这样”的欲求，试着深挖下去吧。或者，在愤怒的背后有“应该这么做”的固定观念。

不安的心情（担心、害怕）
- 你想知道什么？
- 知道什么信息才能冷静下来？
- 不希望发生的事情是什么？

→

正能量提示

试着思考是否要确认、调查、学习那些自己不知道的事情以及不理解的事情。思考该怎么做才能消除那些我们不希望发生的事情。

羡慕的心情（嫉妒）
- 得到什么可以不再羡慕？
- 对哪个部分不甘心（羡慕）？

→

正能量提示

你真正想要的是什么？不要执着于这个答案对象的整体形象，试着思考对方让人羡慕的要点（分解状况、环境、事件、语言）。

讨厌的心情（厌恶）
- 那个人讨厌的点在哪里（行为、动作等）？
- 为什么你会觉得那个人讨厌？

→

正能量提示

说不定讨厌的点和自己不愿承认的那部分重合了，或是违背了自己“应该这样”的价值观。

接触到某些事情而产生的负面情绪，会凸显出自己想要重视的事情，或是强烈的欲求，有时还会成为找到真正的自己的提示。不仅要考虑表面的情绪，还要考虑其背后的欲求，这样才能了解真正的自己，积极地考虑自己的职业生涯。

なりたい自分になれる働き方

第四章

活出自己想要的样子

1. 协调自己的人生，努力为自己而活

所谓职业生涯，就好比某个人的人生轨迹如车辙那样，这一点在第一章已经做了说明。

从更广阔的视野来看，职业生涯不仅意味着你的工作方式，还意味着你的生活方式。虽然你在职业生涯中为了养育孩子而离开了工作的第一线，但是在私生活中经历的各种事情，也同样会成为对自己有意义的职业生涯的一部分。而且，这在你将来的工作或者今后的人生中，也能派上用场。

现实中在养育孩子时，很多事不能按照自己的想法去做。但是，那些经验在工作中能够帮助你灵活运用各种各样的技能。比如，增强你的耐心以处理顾客和上司之间产生的矛盾想法；强化时间管理能力以达到提高工作效率的目的；还有掌握灵活思考事物的能力以及随机应变能力等等。等你将来成为管理者的时候，或许已经具备了培养部下的视角以及对部下宽容大度的心态。

这样想的话，我们就会明白人生中的所有经历或者发生过的事件，都对自己有帮助并且意义非凡。

但是即便如此，如果自己在育儿期间完全脱离工作的话，那么一直以来所积累的作为社会人的职业生涯就难免要中断了。另外，你在重新就职的时候，这个空白期就会对你造成阻碍，导致可供你选择的余地变窄，就可能无法做自己真正想做的事情。

在承担“母亲”这一角色时，如果抱有“无论如何都不应该只考虑自己的事情”或是“总不能无视家庭随心所欲地做自己想做之事吧”的心情继续工作的话，自己也会感到内疚和不满吧。

但是如果抱着“自己忍忍就过去了”的心情，选择了和家人长时间相处，结果导致自己没有去做真正想做的事情而变得心情烦躁，那不如让自己的时间过得有张有弛，一边工作一边抚养孩子，在与家人团聚的时候就最大限度地做一个幸福的母亲，那对自己才是好的选择。

母亲对孩子的爱不是用时间来衡量的，即使和母亲长时间在一起，孩子也未必会觉得幸福。母亲过得幸福对孩子来说，也是一种幸福。

也就是说，要用长远的眼光看待人生。

无论是工作还是生活，都不只是一瞬间的抉择，因此我希望大家能从长远的视角来考虑，自己的这一生应当如何度过。

重要的是，不应该单方面地将生活和工作看成是两个不同的最终的选择。模式化的思维会让你很痛苦，无论选择哪一种都要好好珍惜，那样才会让你的人生变得更加丰富多彩。

通过每天拼命努力和奋斗，去实现想要成为的样子，而自己只需要在合适的时间做出能让自己接受的选择。

当然，自己所做出的选择并不总是正确的。但是选项不止一个，选择的机会也不止一次。即使失败了也没关系，可以从之前尝试的结果中找出对现在的自己而言什么才是必要的，大不了多挑战几次总会成功的。如果在途中发现努力的方向错了，那么换个方向继续努力即可。

谁都无法左右你的人生。正因如此，不如勇敢地去追求自己心中所想，努力为自己而活吧。

关键点

你想如何协调自己的人生？

2. 考虑“不希望发生的未来”，展望自己“想要的未来”

你有想象过自己的未来吗？在 5 年或 10 年以后，你会不会想：“如果当时这样就好了……”

在女性要终生工作的现在，不仅要考虑眼前的事情，还要设想 5 年甚至 10 年后“自己理想的未来”，其中最重要的是给自己定一个目标。

话虽如此，突然被问道“请展望一下你的未来”“你将来在工作中想达成什么样的目标”时，很多人可能一时半会儿也想象不出来。如果无法描绘出“自己理想的未来”的时候，那就反过来试着思考一下“自己不希望发生的未来”吧。

不要局限于“我想变成这样”，而是尝试着去思考 5 年或者 10 年后“我要是变成这样就糟了”。

例如“后辈正不断赶超自己，自己却在原地踏步”“没有被安排做重要工作，自己对公司没有贡献”等，这要比直接想象“理想的未来”简单多了。此时你的大脑中是不是已经浮现出各种各样的场景了呢？

那么，为了不让“不希望发生的未来”成为现实，从“如何做”这个视角出发，现在就思考一下吧。

就工作的内容而言，根据今后是一直在现在的部门做着同样的工作，还是在其他的部门做别的工作，这两种情况会导致自己掌握的技能、了解的信息以及积累的经验等都不一样。

另外，考虑到即使是在现在的部门把现在的工作继续做下去，连续几年做同样的事情的话自身也无法得到成长。自己接下来应该追求什么样的工作方式？不如在促使工作“进化”的同时培养后辈？如果能扩展某项工作的话，还可以在部门所要求的任务基础上再增添一些新内容？要不要去挑战新任务和新角色？

从今年到明年，再从明年到后年，努力找出能让自己和公司一起成长的工作方式，这一点十分有必要。

并不是非得让自己去做特别难办的事，其实周围就存在各种各样的机会。在成长的过程中，如果只有自己按目前的姿态一直重复同样的事情，那么自己不希望发生的未来可就真成现实了。

另外，“不希望发生的未来”并不仅仅局限于个人层面。

我觉得如果担心公司的将来，为了不让公司的业绩下滑，要考虑怎么做才能体现出社会价值和社会影响等，就不能把“公司不希望发生的未来”当作“别人的事”，而是要当成“自己的事”来考虑，这样一来，你对待工作的动力和紧张感也会增加。

有的人会想：“自己只是一个打工者，没必要去考虑公司的经营运作。”“我们的公司应该还好吧。”然而，世间万物瞬息万变。在没注意到环境变化的状态下，你就有可能变成一只泡在温水里的青蛙——自认为保持现状就挺好，但如果自己疏忽了环境变化，等到发觉时，为时已晚。

但是，正如第一章开篇所述，如果遥看太远的未来，只会让自己变得更加不安，那就没有意义了。为了阻止不希望出现的未来成为现实，就好好立足于根本，脚踏实地，每一天都将自己的想法付诸到行动中去。

社会的发展瞬息万变，这或许与未来的自己息息相关。只要抱着这样的想法工作，对待工作的态度一定会有所改变。

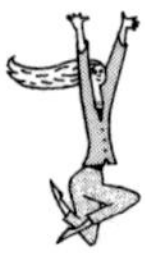

关键点

你打算为拥有什么样的未来而奋斗呢？

3. 从今天起，打造“理想的自己”

在工作方面，你希望周围的人如何看待你？你想在公司中成为怎样的存在？

女性在人生中的选择越多，烦恼也越多。

- 结婚后还会继续工作吗？产后还会继续工作吗？
- 如果你的丈夫调动工作需要搬家，你会跟他去吗？
- 想成为管理者吗？

像上面这些问题，职场妈妈们不仅仅要考虑自己的人生，还要考虑孩子的人生，而很多人的选择都不相同。在这样的情况下，如果自己没有强烈的愿望，就会被周围的人牵着鼻子走，其结果就是产生“我的人生到底有什么意义”的烦恼，而自己事后很有可能会追悔莫及。

首先将家人等外部因素放在一边，请试着考虑“自己今后的人生应该怎样度过”“想如何工作”“想怎么成长”这些内在动机吧。

如果现在你不受任何限制的话，那么你想要挑战什么样的事情呢？现在的工作中有想做的事情吗？

在考虑到今后的职业生涯时，最重要的是描绘出“理想的自己”。因为只要有了目标，自己每天的意识和行动就会自然而然地发生改变。

由于受到各种因素的限制，以至于你无法朝着更高的目标前进，于是每天都过得浑浑噩噩，转眼之间一年就过去了，自己的年纪也渐渐变大了。但显而易见的是，抱着过一天算一天的想法和每一天都有明确的目标，这两种人生的充实度截然不同。

为了便于理解，我们不以工作为例，而是以婚姻为例来考虑吧。

假设你的目标是“想要一段美好的姻缘”。这种情况下，首先不要以漠然的态度去看待“美好”，而是去试着分解出对自己来说，这段婚姻“美好”在哪里？这点很重要。

对方是有钱人好，还是帮忙做家务、带孩子的以家庭为重的人好？还是说嫁给比自己年长的、温柔的、可以包容自己任性的人好？ 我觉得具体考虑的话，就会知道自己所期待的结婚对象是一个什么样的人。

接着分别考虑“想什么时候结婚”“为此打算如何创造邂逅的机会”等重要的因素，也许参加可能有机会“脱单”的朋友间的聚餐，或是在自己所在的一切群体里策划联谊会，又或是通过朋友介绍等具体的行动计划，就会在你的脑中浮现出来。

把自己的目标分解整理之后，可以看到，付诸行动的人和只抱着“什么时候能有个美好的婚姻”这样含糊不清的目标的人相比，其结果会有明显的差异。

像这样，有了具体的目标，就可以考虑实现目标的具体行动，而最终的结果就是自己能够一步步接近自己所期待的未来。

就算没有树立远大的目标也没关系，谁都有过一两个“如果自己能变成这样就好了”的想法吧。即使一开始只有模糊不清的印象也没有关系，有没有意识到这一点，就有可能改变自己的未来。

首先，把现在所处的环境和制约放在一边，从“理想的自己”开始思考，分解这些因素，然后为实现目标而开始行动吧。

关键点

试着具体想象一下心中的“理想的自己”。

4. "说空话"既能逃避风险，也能产生风险

让女性的职业生涯出现转机的是结婚生子等生活事件。在考虑自己的将来的时候，很多人觉得应该将这些生活事件纳入职业规划的考虑范围。

而且，最近有数据显示，有很多年轻女性想当家庭主妇，很多人觉得："反正总有一天要结婚，那么不如从现在开始就只做一些无须担责的工作吧。""考虑到要生孩子，还是跳槽到能理解体谅抚养孩子，而且福利待遇又好的公司去吧。”可以看出，相比于工作，有的女性从很早的阶段开始就更加重视“人生大事”。

着眼于未来再制订计划，并预见风险。这是人生中最重要的事情，但是在大多数双职工家庭里，现在夫妻的终生工资都在下降，想着“结婚了就辞职”的人并不多。而且，因为（日本）发放退休金的时间延期，所以，如果夫妻两人的工资不足以维持生计，那么他们将来退休以后就不能安心养老。

更进一步说，人生中本来打算的事情没有发生，也就是“说空话”的状态，也可能发生在自己身上。而且，“说空话”对女性的人生其实有着重大的影响。

例如，明明在20岁的时候想着“我早晚会结婚吧”，可是到了30岁、40岁都没有适合结婚的对象。但是，就算在那个时候想着“将来说不定会一直单身，接下来认真工作吧”，可是由于一直以来自己都在混日子，等到回过神来发现自己已经处在既没有技能也没有经验的状态中……

像这样，本来打算为尚未发生的生活事件做准备，结果却限制了自己现在的工作。也就是说，原本打算逃避风险的行动，反而可能会成为产生风险的主要因素。

特别是女性想为将来的生活事件做好准备的心情是很容易理解的，但是现在既没有结婚也没有生孩子的打算，却因此忽视了自己真正想做的事情。总想着“反正结婚以后也是要辞职的”，便专挑轻松的工作做；或者“分娩后也只做自己能做的”，选择那些工作负担小的工作来做……这岂不是太可惜了。

根据不同情况，通过最初的努力积累某种程度的经验以及掌握相应的技能，并确立自己在公司中的位置，创造出了有利于推进工作的环境。一旦出现了要结婚或者要生孩子等生活事件时，自己也许能够轻松地找出维持工作和生活事件的平衡点。

重要的是如何享受当下。盲目执着于自己人生计划以及原地踏步的工作方式，还有对未来的不安和恐惧，这些因素反而会减小自己未来的可能性。

在还处于没有发生结婚、生孩子等人生大事的状态时，就可以把这段时间看作是自己可以自由挑战工作的机会。即使之后发生了任何生活事件，也要以最合适的方式随机应变。从结果上看这才是最好的方法，同时也是享受人生乐趣的秘诀。

不要太在意将来可能会发生的生活事件，首先要尽情享受当下，在工作、兴趣等方面尝试去挑战各种各样的事情。

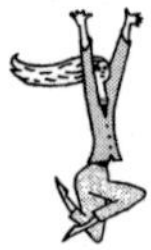

关键点

不要拘泥于生活事件，试着展望一下自己的未来。

5. 转换角度，自主选择自己的人生

由于受到以往的经验和世人的观念等因素的影响，每个人都有“理应如此”的固定观念。但是，这种固定观念真的是其他人都有的“常识”吗？特别是以性别分工角色的固定观念，很多人可能将自己在潜移默化中形成的固定观念一般化，将其误认为是“理所应当”或者“常识”。

如果被固定观念或“常识”所束缚，有时就会看不清“自己目前的处境”以及“自己真正想做的事情”。另外，如果自己太执着于“理应如此”的想法，那么可供选择的范围就会变小，自己的行动也会受到限制，无法开始新的行动。这样的结果就是，你的固定观念可能会让你自己的人生变得有些艰难。

如果你的脑海中涌现出“那不是我的职责”或是“我不可能做到”等想法的时候，那不如试着给自己一直以来认为的“常识”打上问号：为什么会觉得这不是自己的职责？为什么会觉得自己不可能做到？

将自己一直以为的“常识”重新审视一遍。这样的话，即使在生活事件发生的时候，自己也能随机应变，灵活自处。

另外，你一直以来都是按照自己认为十分重要的固定观念生活，而过去的自己通过做出无数次选择之后才造就了现在的你。既然是这样，那么如今的你打算为自己想要的将来做出怎样的抉择呢？打破常规，展望未来这一点十分重要。

实际上，很多人并没有特别意识到自己一直以来都在做着怎样的选择。但是，回顾自己的人生可以发现，每个人的一生中都存在转折点。

虽然认为自己“只是随波逐流”或是“很大程度上受到别人的影响”，但是在这之中，真正做决定的是自己。

这就意味着，即使不是自己本意，你也要能够自主选择自己的人生。

为了让今后生活过得更加惬意，我向大家介绍美国斯坦福大学心理学家克朗伯兹（Krumboltz）在职业生涯规划中倡导的理论——“计划偶发性学习理论”。简单来说，就是最大限度地利用偶然发生的事。

运用这种思维方式的人，会把意想不到的事情当作晋升的机会，他们通常具有如下几个特征：

- 好奇心。
- 持续性。
- 乐观性。
- 冒险心。

其实我离过一次婚，这是我意想不到的事。在那个时候发生了这么麻烦的事，我觉得自己的人生糟透了，十分沮丧。但是从这一点来看，灵活运用“计划偶发性学习理论”正合适。

以咨询为契机，我认识到事情总会有办法的，我的人生才刚刚开始。我对一直以来都不怎么关心的心理咨询产生了兴趣，想学习相关知识，于是就选择了现在的工作。

如果那时我只是大声抱怨自己的不幸，没有把眼光转向积极的方向，那么我现在的职业生涯也许就会完全不同吧。

乍一看，有些人可能觉得意想不到的事情是一件麻烦事。但是，如果灵活转换角度将其变成机会，对自己来说是有好处的。

不要被“理应如此”这样的固定观念所束缚，要结合自己的想法和环境的变化，灵活地修正自己的思维，这点是很重要的。

你是不是有种被固定思维和预料之外的事情牵着鼻子走的感觉呢？

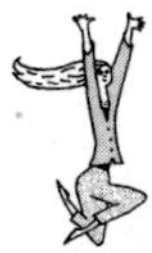

关键点

思考如何更灵活地做出自己的人生选择。

6. 干一行爱一行，增强工作自豪感

“自己做的工作一点也不刺激”“做起来觉得没什么意思”“完成起来平淡无奇”……曾有过这些经历的人多得令人感到意外。

但是工作时间足足占了全天的1/3，如果只是按部就班地“完成”这么长时间的工作，那就太可惜了。

经常听到有的女性说：“我就一名普通员工，只做固定业务，干起来特别没意思，仅仅是默默地完成工作而已。”

但是，普通职位真的没有工作的意义吗?

普通职员至今仍以部门中的辅助性工作和相对固定的常规业务为主。对于这样的工作，每天都按照同样的标准来处理的话，不也能称之为“专业”吗?

但是另一方面，如果你在一个普通职位上，觉得自己的工作到此为止了，而导致自己的工作范围被限定，不去接受新的挑战，不改变自己以往按部就班的工作方式，那将是一件很可惜的事。

现在很多企业提出了将普通职员的工作范围扩大，让普通职位承担更加具有挑战性的职责。另外，也有很多公司推出了有干劲的人可以转职到综合职位的机制。通过这样的制度，你可以体验一般职位以外的工作，可以将现在的业务运用到其他业务上，这样不仅可以提高业务效率，还可以激发新的创意。

不仅是职位会发生变化，工作的框架也在不断变化。在这种情况下，无论是你想要缩小工作范围，还是扩大工作范围，都取决于自己。

在此基础上，试着去改善现在的工作方法，并试着考虑与工作相关的前后事务和流程。如果有其他感兴趣的工作，你可以试着和上司商量，报名当公司新开发项目的候选人等。

我认为根据现在的工作种类和业务内容，可以挑战的工作方式有很多。怎么做才能感受到自己的工作特色？从比现在更有趣的视角去考虑就好了。

你现在所期待的职责是什么？如果不明确这一点的话，就去听听上司的意见吧。和上司谈谈就可以知道上司对你的期待，还可以向上司传达你对工作的态度。

这个时候不是去抱怨自己对现在工作的不满，而是对自己现在的工作进行分析，是“想试着这样改善”“想尝试做一下这个工作”等关于扩大自己工作范围的磋商，或者询问上司认为的更具有挑战性的工作是什么，等等。要点是，对上司和对自己来说，立足于现状，为了提出更好的工作方向而进行的商谈。

好不容易选择了工作，如果你能不负众望，在自己的工作岗位上得到好评的话，那就会让自己的工作变得更加有价值。

你很重视对工作的自豪感吗？那不如试着去挑战工作吧！

关键点

试着在工作中，寻找适合自己的挑战吧。

7. 榜样是自己创造的，只有自己才能做到

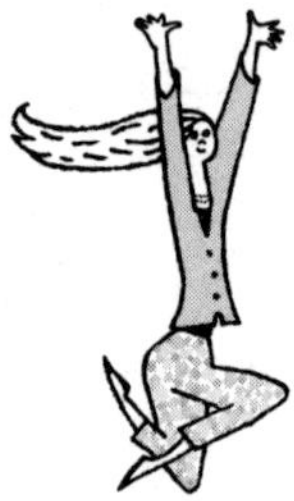

现在在你的公司里，有让你觉得“真厉害，我想向她看齐”的人吗？

在第一章中我曾提到过“舍弃单一的工作模式”，但是我确实从很多女性那里听到过这样的话：“公司里没有可以学习的榜样。”那么，到底什么样的人才能成为榜样？

通常来说，榜样是能成为自己具体行动或思考方

式规范的人物。对于女性来说，她们会扩大这一解释并倾向于认为，榜样是任何一方面都完美且符合自己理想的存在。

- 憧憬她的外表和姿容，但是上班常迟到又总是加班的人。
- 工作能力强，但是没结婚，像男性一样工作的女强人。
- 有好丈夫和可爱的孩子，生活很充实，但是只做自己分内的工作，为人不可靠。

不仅仅是容貌、行为和思维方式，还有工作方式，甚至都要考虑这个人的背景和家庭结构是否符合自己的理想。这样的话，是不是觉得公司里没有可以学习的榜样呢？

但是仔细思考不难得出：和自己处在完全相同的环境里，拥有能产生共鸣的价值观，连外表和私生活都很理想的人，真的存在吗？

“你想怎么工作呢？”

本书中反复提到的“理想的工作方式”，不仅仅局限于工作内容，从某种意义上说可能更接近于应该怎么设计自己的整个人生。

你将如何平衡工作和生活？自己如何才能找到幸福感？想和什么人一起度过怎样的时光？通过工作想获得什么样的成长？想怎么活等等，这个理想的工作方式包含着各种各样的意义。

面对这个问题，明确自己的价值观，就能找到让你觉得“她这样真好啊”的榜样。

每个人都不一样，把各种各样的人的优点结合在一起，学习他人的长处。试着将那些让你觉得不错的方面，一一列举出来思考一下，比如“她能让工作与生活两不误的工作方式真帅气”“想试着在工作中扮演……的角色”“想被周围的人用……的眼光看待”等等，试着模仿这个人的工作方式，说不定不仅仅是女性，男性也有能成为你的榜样的方面。

灵活地观察各种各样的人，你就会发现周围的人都有值得学习的地方。像这样改变视角的话，感叹“没有可以学习的榜样”的职场，会不会变成另一种景象？不去看那个人的全部是否符合自己的理想，而是单独把那个人好的方面拿出来思考，可能你会意外地发现：“真不错，好想向她学习。”

因为“想在工作方式上以某位女性为目标，但是那位女性没有结婚，所以不能成为榜样”或是“他本来就是男性”等原因认为自己“没有可以学习的榜样”，是一件非常可惜的事情。如果要寻找工作方式的榜样的话，因为同单位的人工作环境相似，所以可以找到具体值得学习的地方。想要找可以作为女性生活方式的榜样的话，其他公司里也有很多值得学习的名人。

你理想中的榜样并不是只有一个人。

从各种各样的人那里获取自己想要东西，创造出适合自己的榜样。

你想成为什么样的自己？

关键点

融合众人之长，做自己的榜样。

练习 4：锻炼积极应对转机的思维模式

人生中总会遇到意想不到的转机。如果你希望自己能够积极面对它，那么这里将从理论家南希·K. 施洛斯伯格（Nancy K. Schlossberg）的观点出发，就“如何面对转机”来进行探讨。

评价转机的视角

- 深刻程度：角色、关系、日常生活等必须做出什么程度的改变？
- 时机：人生中得意之时？或是失意之时？准备好了吗？
- 控制：是否具备对转机的掌控力和影响力？有选择吗？
- 持续性：由转机所形成的状况会持续到什么时候？

试着从上面这些角度看待转机，就可以看出转机对你的影响。此外，如何跨越这种转机呢？我们可以试着从以下视角来检验资源（内部资源）。

检查资源

- 状况：你预想到那个转机了吗？状况是积极的还是消极的？现在是处于转机的开始、中盘还是结束阶段？
- 自己：给你带来的变化大吗？在可控范围吗？你的技能和经验能派上用场吗？
- 支援：有来自周围的支援吗？有来自网络的帮助吗？
- 战略：制订了计划或者作战方案吗？能改变自己对转机的看法吗？

每个人的人生都会出现转机，但是该如何抓住它、如何应对它，这取决于你自己。当自己的人生中出现转机时，不要从单个角度做出判断，而是要参考以上观点，通过评价这个转机，充分利用自己的资源，从多个角度重新看待转机。

なりたい自分になれる働き方

第五章

一边享受，一边工作

1. 战略性地工作，主动改变环境

“刚进公司的时候，明明女性比男性更积极，优秀员工也是以女性居多，但回过神来却发现管理层都是男性。”

这样的情况在你的工作单位发生过吗？之所以会变成这样，我认为存在着各种各样的理由。

由于公司大多数情况主要以男性为中心，因此女性在工作中得到扩展经验的机会相对较少。

就算是一名优秀的职场女性，在她休产假的时候，她的职位也会被男性员工取而代之。

由于男女之间的特性差异，做事细心谨慎的女性和行动积极的男性能够获得更多的工作机会。

但如果是因为这种“本人能力以外的因素”导致女性无法顺利打造自己的职业生涯的话，身为女性的你，是不是会感到些许郁闷呢?

上司出于善意，为了减轻上班时间短的员工的责任负担，会将她们的一部分任务交给其他人做。但是，这恰恰是只安排那个人做“其中一部分任务”的典型例子。不能因为上班时间短就导致工作质量也跟着下降，不然对我们女性打造职业生涯是百害而无一利。

在女性处于如此不利的状态下，却只盲目地要求女性“多加注意”“希望你自己主动扩大业务范围”是毫无道理的。

明明只知道任务的其中一部分，却被要求“感受工作的乐趣吧”“找到让自己跃跃欲试的事情吧”，甚至是被要求“希望你不用别人说也能发挥主观能动性”或者“希望你在工作中做到自律”。可是无法得知任务的全貌，信息不全，又如何能做出正确的判断？

如果你目前也受到各种各样的限制而处在难以发起挑战的状态下，那么与其守株待兔，不如主动出击，自己行动起来，先从改变周边环境做起吧。

为此，就工作内容和上司进行具体的商谈是很有效的，可以像这样：“我想积累 ×× 方面的经验，请让我做关于这方面的任务。”“完成时间截至 ×× 点为止，我会抱着负责任的态度去完成这个业务。”然后，当你接到新任务时就算觉得现在的自己做不到也不要马上拒绝，可以坦诚地和对方商量：“怎么做才能让我接下这份任务？”“我主要对这些部分感到不安……”

“想要弄清楚自己不知道的部分”“因为需要一边调查一边工作，希望能延长完成任务的期限”或者“想与愿意帮忙的人一起组成团队做做看”等，将自己完成工作所必要的提案具体化，也许就能填补自己不安的部分。

没有经验的工作，最开始可能不会那么顺利。但是，不去做的话就永远不可能做好。

明确地向对方传达你为了什么而挑战是必要的，一点一点地扩大自己的业务框架吧。即使是在接手之前感到不安的工作，也有可能在实际做了之后会意外觉得轻松愉快，或者接手以前从来没有接触过的业务，就能找到以往的工作“如果也这么做就好了”的改善之处。

这不仅对公司有好处，你的经验值也会上升。

如果觉得现在的环境和现状不合理的话，不要只是等待，期待着别人做出改变，而是要自己主动去改变环境。

关键点

战略性地改变现在的自己。

2. 把理想分解为行动，把行动分解为习惯

曾经抱着“将来想成为 ×××”的强烈愿望，但不知为何这个愿望没有持续下去，回过神来发现自己什么都没有做，每天都在虚度光阴。

你有过这样的经历吗？

曾经强烈地描绘着自己的愿望，并想要付诸行动，但随着时间的推移，这种想法逐渐淡薄，动力也逐渐下降，这是为什么呢？

这或许是因为你只是让这个愿望停留在“理想”状态，而没有将它落实到日常实践中去，即没有将理想“现实化”。或者是许下的愿望太过宏大，“什么时候做一下吧”“等有空的时候再做吧”等迟迟拖着不去做的想法，也是愿望无法实现的原因之一。

为了实现曾经自己好不容易许下的愿望，把设定到达终点的路程分解成“每天都可以坚持下去的事情”，试着将它融入日常生活中去吧。

举个例子，我想减肥的人都应该清楚，在下定决心“想变瘦”的那一天，会突然停止碳水化合物的摄入、不吃白米饭或者做 30 次仰卧起坐。但是，一周过去了，一个月过去了，渐渐地感觉到自己还是想吃白米饭，于是恢复了平常的饮食规律；忙碌了一天后回到家中只觉得浑身酸痛，此时想起自己还要做 30 个仰卧起坐太难了，于是就停止了运动……不知不觉又回到了原来的生活习惯。这种情况着实不少。

有理想是一件好事，但是如果无法看清目标对自己来说是否可持续，那就会让好不容易确立的目标和许下的愿望变得模糊不清，这就太可惜了。

从现在开始，如果你有了目标，那么请你稍微改变一下角度，试着具体探究一下：为了实现这个目标，自己每天可以坚持做的事情是什么?

比如以刚才提到的减肥为例，虽然自己无法做到完全不吃白米饭，但是将白米饭的分量控制在小半碗的程度还是可以忍受的；每天坚持做 30 个仰卧起坐虽然很难，但是每天坚持做 10 个应该没问题……

先试着找到自己每天都能坚持的标准，把养成习惯作为目标。这样的话，就能一点一点地实现自己的最终愿望。

像这样将愿望分解并且将它实际转化为习惯，是需要一点耐心的。但是这和刷牙、洗脸一样，一旦这个经过细分的愿望成为你的一个日常习惯，你就可以将它作为日常生活中的惯例来做，这样就能切实地接近自己的理想。

如果能看到自己的前进方向和工作方式，不妨考虑一下："在达到那个状态之前，自己需要具备什么样的经验和技能？""为了具备这些技能，需要养成什么习惯？"试着将自己每天能够坚持的标准量化出来。

例如我以"学会用英语接受咨询"为目标的话，可以分解为"为了掌握商务英语，每天誊写10分钟的英语文章"这样一个习惯。坚持每天这样去做的话，我就会将这个习惯培养起来。

将每天自己能够坚持做到的事情变成习惯，不用勉强自己也能进一步提升自己，这样就可以让自己干劲满满地为了自己的理想而奋斗。

关键点

试着将理想分解，把它变成每天的习惯吧。

3. 转变思考方式，享受工作乐趣

“在现在的环境下，我无法享受到工作的乐趣。”一直这样想的话，对环境的改变感到害怕会导致很多人选择维持现状，从而留在原地。

但是，就像这本书中反复强调的那样，既然要工作，就应该去做快乐而有意义的工作，或是“虽然辛苦却也值得”的工作。

如果你觉得按照现状，自己无法得到改变，得不到成长的机会的话，那就尝试一下能够稍微改变环境的方法吧。

在这里，我将无法按照自己的意愿工作的人“感到不满的要点”分为五类，并针对每种情况下需要重新审视的事情进行了梳理。

（1）没能做自己想做的工作（实质问题）

如果你想在现在的职场中挑战新的事物，那么就试着思考一下：自己为此能做些什么？为什么想做那份工作？能够找谁一起来做那份工作？为此自己需要付出怎样的努力？

新事物本身就具有新鲜感，回归初心也许你就能找回自己失去的快乐和价值。（P97 内容：“表达自己的想法，机会随之而来”）

（2）**无法尽情工作（受到制约）**

本来想做更多的工作，但受到时间等方面的限制不能如愿以偿。在这种情况下，人的积极性也会随之下降。

在对自己来说无法改变的制约因素的基础上，再重新考虑一下要怎么做才能按照自己的想法工作，从时间以外的其他方面来看是否有解决方案。现在试着考虑看看吧。（P69 内容：“改变自己，就能改变未来”）

（3）**不被周围人认可（未被认可）**

明明付出了努力，却感觉“没能出成果”“不被认可”，一味地以为“自己做的事谁都可以做”。你是否觉得自己的价值下降了？每份工作都有它的价值，你做这份工作得到的经验一定会对你有帮助。

试着分解思考自己的工作在哪一方面能起到作用或是对谁而言有帮助，也可以找个合适的时机将自己平时的工作情况定期向上司报告等等，弄清楚自己现在所做的事。（P24 内容：“找到工作的意义，思考自己的存在价值”）

（4）不能按自己的意愿工作（能力方面）

即使真的想做更多的事情，也可能因为缺乏必要技能或是与周围人的关系不好而感到工作没有做好，在这种情况下首先要重新审视自己不足的地方。

掌握工作中必要的技能，锻炼自己的沟通能力，以动员周围人，如此一来自己工作的充实度也会因此提高。（P61 内容：“分类工作与技能，找到自己的强项”）

（5）做不了自己想做的事（受到控制）

明明是自己的事情，可是自己的计划表、资金以及做法等方面却不受控制，感觉自己是被强迫着去做事，因此感到十分无趣。自己的工作在某种程度上不能允许自己酌情处置和自由发挥的话，就很难找到其中的价值。

因此，不妨试着思考一下工作中有什么是可以自己控制的。如果找不到，那就试着和上司交涉一下，就算不能让上司把工作的全部主动权交给你，那也试着让上司把其中一部分的控制权交给你。（P130 内容：“干一行爱一行，增强工作自豪感”）

通过改变对工作的看法和思考方式，你就能得到可以改善现状的启发。

当自己情绪低落的时候，试着具体思考一下：需要消除哪些不安因素？为此自己可以做些什么呢？

改变自己对工作的看法，做你喜欢的工作吧。

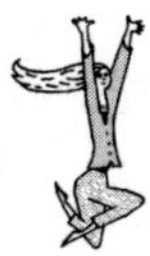

关键点

为了创造轻松愉快的工作环境，你可以改变什么呢？

4. 发现隐藏的需求，抓住体现价值的机会

正在工作的时候，上司突然对你说："今天下午 3 点要和客户开会，准备好 5 份资料并布置好会议室。"

这时你会怎么想？

你可能一边闷闷不乐地想："手里还有其他任务，快忙不过来了，为什么非得由我来做呢？"一边准备下午的会议资料。

也有可能你会想："可能是上司觉得我是女性，准备得比较周到才拜托我做的吧。”或者会想：“可能是现在上司很忙，无暇顾及其他吧。”试着发挥一下自己的想象力吧。

站在自己的立场上看，他人的行为显得唐突、无法理解，或者说是让人感到不满时，其实只要站在对方的立场上思考，也许就能察觉到对方的需求。然后，在抓住这些需求的基础上，再花点心思，你的工作质量就会发生很大程度的改变。

例如，当你被要求做会议准备时，如果你认为“自己是被强迫去做杂事”的话，那可能就真成了做“复印资料”“确保有会议室可用”这般杂事的人了。

但是，如果你从“上司应该怎么做才能让会议顺利进行”的角度来分析这件工作的话，那又会怎么样呢？

- “需要在门口迎接客人吗？”
- “每个人需要的资料数量都非常多，会后大家把打印出来的资料都带回去也很麻烦，所以我也准备好电子资料文件包怎么样？”
- “需要准备喝的东西吗？那种场合应该准备什么样的饮料？”
- “比起这些细节，我是不是应该把速度放在第一位，只做最低限度的准备？”

即使没有得到上司的详细指示，除了“准备会议资料”“打扫会议室”之外，也还有很多其他“应该做的事情”。当你做好这些事情之后，上司可能会高兴地说：“让你做那么多的准备可能会对你产生负担，就没有给你委派其他工作，真是太感谢你了。”

“不知道做到什么程度？”“说不定自己反而会被上司提醒不要去做多余的事？”每当遇到这种烦恼都可

以先和上司商量一下。

特别重要的是，在被委派做某项任务的时候，不要不知不觉地就陷入“只要按照上司说的做就行了”的思维中。正是在这种时候，才是抓住对方的需求，体现自己附加价值的机会。

不要只从表面去理解对方的语言，试着思考一下：“为什么这个工作要交给我做？”“对方对我有什么期待？”“我要做到什么程度才能体现出在此之上的附加价值？”。

不要只做“要求做的事”，做之前首先要考虑对方的需求，思考怎样才能让对方更开心。

只要有了这样的思考，对工作的责任感和价值就会增加，而且最重要的一点是，工作本身的质量会发生大幅度的改变。其结果就是上司对你的评价会提高，你和周围人的关系也会变得更融洽，这样就可以营造出更加愉快的工作环境了。

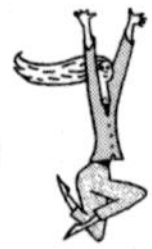

关键点

思考隐藏在委托中的“对方的需求”。

5. 代表职场女性，培养出色的后辈

“你是为了什么而拼命工作的呢？”

当我问职业女性们这个问题的时候，有人回答：“不仅是为了自己，也是为了后辈们。”

正因为在女性工作方式迎来过渡期的这个时代，很多人不仅考虑自己个人的事情，还在努力思考女性的工作方式。但在培养后辈的过程中遇到的烦恼也很多，我经常听到有人抱怨与后辈相处很难，比如“只做自己想做的工作”“对没有兴趣的工作偷工减料”等。

作为前辈在工作中指导后辈的时候，最重要的不是教她们工作方法，而是告诉她们什么是工作的意义。

无论什么工作，需要做的业务都是多方面的。例如在店铺工作的销售员，主要的任务就是销售商品，除此之外，还要在卖场陈列商品、确认库存、计算销售额以及打扫店铺的卫生……销售员有很多工作必须要做。

但是，如果自己的后辈想做的事是“与顾客交谈”或是“通过说明商品的优点，从而说服顾客购买”的话，那么她对其他工作可能就没有兴趣了。这个时候，告诉后辈其他的工作“有什么意义”或是“对自己有什么好处”，这些都是你作为前辈的职责。

就打扫店铺这一件事而言，为什么会有这样的工作呢？对整体工作而言究竟有什么意义呢？这时你作为前辈要做的不是具体地指导后辈如何清扫，而是对做重要的工作“应有的状态”进行指导。

“因为你是后辈所以让你干杂活”和“打扫卫生是为了让客人能有愉快的购物体验，有助于提高我们店铺的形象”，我觉得这两种说法的结果是完全不一样的。

大家都抢着做锦上添花的工作，但不是所有的工作都是锦上添花的，重要的是将工作之外的意义传达给后辈。

另外，如果后辈在工作中犯了错，不要逃避责任，要及时指出来。

指点他人、提醒他人是很耗费精力的。大多数女性的“我不想被对方讨厌”的想法很强烈，很多时候说话喜欢兜圈子，这样一来就不能很好地传达自己的想法。因此，尽可能简单地告诉后辈“为什么不能那样做”吧。

这也是培养后辈的重要技能。

我刚开始工作的时候，有很多我不知道的事情和不会做的事情，但不知什么时候这些情况都没有了，然后觉得自己已经能够独当一面了。

我想，培养你的前辈还有上级，应该也和你一样有过烦恼、思考、受到栽培的经历吧。

你希望后辈成为什么样的人？

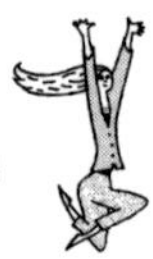

关键点

作为一名职业女性，你想告诉后辈什么呢？

6. 准确传达自己的意见，做到有效沟通

一般来说，女性比男性更擅长交际。

我认为女性可以进一步提高自己的沟通能力，这对于促进商业活动的顺利进行是十分有效的。

那么，如何才能进一步提高沟通能力呢？先从“把自己的意见传达给对方”开始吧。

你向对方传达了多少自己的意见呢？很多人因为有所顾虑，没能百分百地将自己的意图传达给对方。但表达

自己的意见并不意味着反对对方的意见，只有鼓起勇气说出自己的意见才算是参与了沟通。

有的人明明没有在现场发表自己的意见，但事后却对决定的事情抱怨、批评。我认为没有在公开场合表达自己意见的人，没有资格在事后抱怨。

好不容易对工作抱有热情和想法，如果不能传达给对方，就失去意义了。你的想法说不定会以你独特的视角和灵活的思考方式，成为宝贵意见。

为此，不要直接把自己的想法和心情说出来，要找到将信息更容易传达给对方的沟通方式，养成将想要传达的内容和要点整理出来再有效传达给对方的习惯是很有必要的。

首先要确认自己的行为举止是否与商业行为相符

合，如果不符合就要做出改变。因为就算有自己的想法，但如果在传达意见时的行为举止不符合商业行为，那么就算是一个很难得的想法也可能不被通过。

另外，在商务场合不要感情用事，有逻辑地传达意见会让意见更容易通过。即使主张正确，可是听起来让人觉得晦涩难懂，或是听起来让人觉得你自以为是，又或是好处不明显，那么绞尽脑汁想出来的好意见也无法被利用。

因此，可以根据“5W2H”法则[①]整理出自己想要表达的内容。另外，掌握先说结论等切合主题的说话方式也是很重要的。

---

① “5W2H”法则，即 Who（谁）、When（什么时候）、Where（在哪里）、What（做什么）、Why（为什么）、How（怎么做）、How Much（多少钱）。

平时不习惯表达自己意见的人，对于在全体会议上突然提出自己的意见可能会有抵触情绪。在这种情况下，可以在平时就有逻辑地将自己的想法传达给信赖的上司。

当然，并不是所有的想法和意见都会被采纳，也并不是“因为是你的意见”才不被采纳，而是因为创意和意见本身就是要大量产出并通过讨论才能决定出最好的。

因此，即使意见有一两次没能通过，也不必马上就失去信心，不断提出自己的想法和意见是十分重要的。

我经常看到有人会为在自己不擅长应对的人面前，不能很好地表达自己的意见，而感到烦恼。虽然和与自己价值观相近的人来往时会感到很轻松，但是在商业场合，会有很多价值观与自己不同的人，掌握如何才能巧妙应酬的技巧是十分重要的。试着悉心钻研出能够巧妙应对包括自己不擅长应酬的人在内的各种各样的人的交往方式吧。

为了能很好地将自己的意见传达给对方，请你鼓起勇气大声发言吧。

关键点

试着磨炼将自己的意见传达给别人的技巧吧。

7. 自信起来，抓住晋升管理层的机会

当被问到“你是否想成为管理者”的时候，很多女性回答：“可以的话，我不想。”这是为什么呢？

其中一个原因，是看到今天的管理层人员的苦楚，有人觉得“这种工作方式我做不到”“我可不想承担这么辛苦的职责”。另外，有人认为只有鼓足干劲工作，对结婚和生育等生活事件一概不考虑的“女强人”才会做管理职位。

我发现认为自己当不了管理人员的女性意外地有很

多，然而在不知道自己今后结婚生子后的工作方式会发生怎样变化的状况下，女性就会认为“以成为管理者为目标的职业生涯与自己无关”。

但是，事实果真如此吗？如果只从表面来判断其他人所做的管理职位的工作，单方面地断定其没有魅力，或者觉得自己做不到而畏缩，我觉得那是非常可惜的。

管理职位的工作包括管理下属、引导部门做出成果、与其他部门协调合作等，工作内容涉及多个方面。如果看到这些认为“我没有做过，不知道能不能做到”，我觉得有这样的不安也是理所当然的。

但是，如果你有机会成为管理者，那是因为公司对你的工作进行了评估，认为你具备履行该职务的能力。因此，为了让自己树立自信，一定要问问对方对你有怎样的期待。

而且，不要只是感到压力和烦恼，首先要抓住这个机会，从至今为止的工作内容和经验中，回想起自己在工作中能做的事，并找到能让自己变得自信一些的因素。

例如，“曾参加过 OJT（在职培训）”“通过项目组成员们的默契配合，成功在期限之前做出了结果”等等，试着回想过去的经历并写出来。即使不是什么大事也没关系，只要能在你自己以往的经历中，整理出能够灵活运用到管理职位中的经验和技能，就能成为你的后盾，让你增强自信完成管理者的工作。

无论是谁，在首次攀登一座大山时，如果只看山顶的话就会觉得“太高了，自己做不到”，但是，好好准备，扎实走好眼前的每一步，只着眼于眼前的目标，你会不会觉得“也没有想象的那么高”“说不定我也能做到”呢？

而且，管理职位也不全是令人头痛的事，还有一些只有在那个位置才能体会到的美好，其中的闪光点是能够改变以男性为中心的社会。

在繁重的工作中，只有选择工作一边倒的生活方式的人才能在职场中出人头地，但今后女性担任管理职位的话，整个职场的工作方式都将发生变革。

在规定时间内做出成果，改变以应酬和接待来决定关系等风气，创造出更适宜女性的工作环境，并且逐渐形成更适合女性担任管理职务的风气等。这样一来，今后的职场就会产生良性循环。

另外，请具体比较一下普通职员和管理人员的生活规划。例如，好好考虑自己今后生活的具体需要，以现在的工作收入和担任管理职位后的收入相比，会有多大的不同，这也能成为推自己一把的契机。

没有人从一开始就能扮演好自己被期待的角色。

我觉得通过不断地试错就可以抓住关键点，渐渐地就知道自己应该怎么做才好了。而且，成为管理者之后就可以清楚地知道是什么让自己感到不安，想在什么地方获得支持等，对于这些你也要明确地传达给你的上司。

当然，最后还是要靠你的“自荐的勇气”。如果不实际做做看就无法体会到真正的乐趣，别让美好的想法止步于你的脑海之中，因为那样的话就什么也不会发生。

如果一个绝佳的机会出现在你的眼前，你能牢牢地抓住它吗？

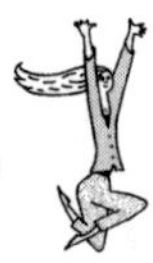

关键点

如果有机会让你成为管理者，你会说“Yes”吗？

练习 5：打造个人品牌

你觉得周围的人是怎么看待你的？你并不知道周围的人是否像你想象的那样看待你。进一步说，周围人眼中的你，就是你的个人形象。

因此，在这里我们需要思考的是“个人品牌化”（如何展现自己）。例如，在网上搜索你的名字时，作为排在名字之后的第二个检索词，你希望这个检索词是什么？自己创造出“想被检索到的自己”，这就是个人品牌化。

通过以下条目，具体描绘出“理想的自己”，就能知道怎么打造自己的个人品牌。

- 人品（态度）：想成为什么样的人？
- 工作方式：想以什么样的姿态投入工作？
- 沟通技巧：想和周围的人建立怎样的关系？
- 想挑战的事：想胜任什么样的工作？
- 意识到的对象：想在公司成为怎样的存在？

注意自己每一天的态度、工作状态、表情、服装等，关注每一个细节就能逐渐打造出符合自身要求的形象。其结果是周围的人对你的评价也会随之改变，而你想展示给大家的自我形象和周围人对你的印象，两者之间不会相差太远。

结束语：
人生仅此一次，尽情歌唱吧

在写这本书的时候，我非常担心作为一名咨询师能不能帮助到各位。但是我想告诉更多的人，永不言弃和寻找快乐的事情能够让自己每一天都过得更充实。

对于学历高的人或者工作能力强的人，拥有强大的愿望以及让自己活成自己理想的样子，那或许是理所当然的事。但是，这不是我想传达给读者的。我想通过普通的方式展开，从发生在自己身边的故事开始写起，像这样打造出与自己相匹配的个人形象，并且能够考虑到自己的职业生涯。我尽可能不去写晦涩难懂的东西，并且我在平日里所传达的“谁都有机会活出自己想要的样子”的思想，在这本书里得以体现。

你今后的幸福取决于你想成为什么样的人。

今后的人生充满了无限可能，如果你有想成为什么样人、想做什么样的事的目标，那么什么时候开始都不晚，始终坚信自己，朝着那个方向砥砺前行。

千万不要现在就打退堂鼓，不要只是等待被给予的机会，而是要自己主动去争取，去奋斗，这样的话就能一步步成为真正想成为的自己。

但如果现在就放弃了，觉得保持现状就好了的话，自己就真的止步于此了。不要擅自决定自己的界限，也不要把责任推卸给周围的人或者归咎于不利的环境。希望大家能够保持上进心和好奇心。

所以，我希望你能够继续寻找令自己心情舒畅、幸福以及自己应有的姿态。你现在要做的就是如何让自己过得开心，去做自己认为有意义的事情，这样才好。

谢谢你把这本书读到了最后。

从明天开始效仿一下书中的内容吧，总之先试试看。

不知为何，一想到你会运用书中的一些方法，我的心情就变得愉快起来了。

新的人生才刚刚开始！如果这本书也能让你的心情变得稍微愉快一点的话，那就最好不过了。愿你今后的每一天都能开开心心地度过，人生从此与众不同。

最后，十分感谢扶桑社的金谷亚美女士、作家藤村榛名先生为这本书的顺利出版提供的莫大支持。并且，对一直温柔守护和支持着我的万宝盛华公司的成员以及我的家人们表达我诚挚的爱意。

小出真由美
2017 年 4 月